中职·清华版"十一五"规划教材·计算机

Flash 8 二维动画设计

段　标　主编

清华大学出版社

北　京

内 容 简 介

本书介绍二维电脑动画制作知识及在日常工作中的应用,突出了不同应用领域 Flash 动画的不同特点。全书共分 8 章,第 1 章是本书的基础部分,介绍了动画设计的基础知识,以后的章节主要围绕 Flash 8 在日常工作领域的应用情况分别作了介绍,每章通过实例讲解、知识讲解及拓展训练三大部分组织内容,结构合理,符合初学者的学习特点。

本书可以作为中等职业学校计算机应用及相关专业的教材,也可以作为二维动画设计爱好者的自学参考用书。

图书在版编目(CIP)数据

Flash 8 二维动画设计/段标主编.—北京:清华大学出版社,2007.9 (2019.3重印)

中职·清华版"十一五"规划教材.计算机

ISBN 978-7-302-15539-3

Ⅰ.F… Ⅱ.段… Ⅲ.动画—设计—图形软件,Flash 8—专业学校—教材 Ⅳ.TP391.41

中国版本图书馆 CIP 数据核字(2007)第 118552 号

责任编辑:帅志清 田在儒
责任校对:李 梅
责任印制:李红英

出版发行:清华大学出版社
　　　　网　　址:http://www.tup.com.cn, http://www.wqbook.com
　　　　地　　址:北京清华大学学研大厦 A 座　　　　邮　　编:100084
　　　　社 总 机:010-62770175　　　　　　　　　　邮　　购:010-62786544
　　　　投稿与读者服务:010-62776969,c-service@tup.tsinghua.edu.cn
　　　　质量反馈:010-62772015,zhiliang@tup.tsinghua.edu.cn
　　　　课件下载:http://www.tup.com.cn,010-62795764
印 装 者:北京虎彩文化传播有限公司
经　 销:全国新华书店
开　　本:185mm×260mm　 印　张:10.5　　　　字　　数:240 千字
版　　次:2007 年 9 月第 1 版　　　　　　　　　　印　　次:2019 年 3 月第 10 次印刷
定　　价:22.00 元

产品编号:025540-02

丛书序

PREFACE

2005 年 11 月 7 日,温家宝总理在全国职业教育工作会议上强调,要大力发展中国特色的职业教育,加快培养高技能人才和高素质劳动者。在本次会议上发布了《国务院关于大力发展职业教育的决定》,进一步确立了新时期职业教育在全面建设小康社会,加快社会主义现代化建设,构建和谐社会中的重要地位。

1997 年、2000 年和 2006 年,我社按照当时社会的需求,先后出版了三套中等职业学校计算机教材,受到全国多所中等职业学校用户的好评。

未来几年内,各行各业计算机及相关技术的技能型人才需求存在巨大的缺口,而这些人才的培养主要靠中等职业教育来承担,因此对教材建设提出了更高的要求。

为适应当前职业教育的发展需要,根据国家教育部"学制要缩短、课时要压缩、相关专业要打通、强化技能培养"的要求,结合教育部关于技能型紧缺人才培养培训指导方案和劳动部职业技能证书考证,并考虑到目前我国各就业岗位对计算机人才的需求,以及培养的目的主要是为了就业等因素,我们组织北京、江苏、四川、河北、黑龙江等省市有实践经验的优秀教师以及多家 IT 企业技术专家,遵循"以职业能力为本位,以就业为导向,体现教学内容的先进性和前瞻性,体现教学组织的科学性和灵活性"的原则,编写了本套教材。

本套教材在内容编排上,以提高使用者的职业能力为重点,具有以下特点。

(1) 定位:面向接受技能型人才培养的中职(包括社会培训)学生,突出中等职业计算机及相关专业当前新的教学理念。

(2) 体系:突出任务驱动、项目式教学,以满足新教学需要为首要目标,使学生学习后可以尽快胜任所在岗位的工作。

(3) 内容:反映技术发展,体现先进的教学方法和手段,重点突出实训。选择大量与知识点紧密结合的实际操作案例,力求任务明确、步骤翔实、练习有度、易学易用。

(4)服务:为教师提供培训和交流服务。

本套教材的核心就是采用"项目教学法"理念。该理念打破了传统教材的模式,以"项目"为中心,以具体的应用案例组织知识点,对于要解决的问题,先不讲理论,只探讨解决问题的方法。先学会应用,再回头讲理论,理论以够用为度。这种方式容易激发学生的兴趣,有利于培养学生解决具体问题的职业能力。

为方便教学,我们在清华大学出版社网站(http://www.tup.com.cn)上提供了教学素材供下载。

中等职业教育教学质量的提高,与使用的教材有着极为密切的关系。随着中等职业教育教学改革的不断深入,对所需教材将不断提出新的要求。我们衷心希望全国从事中等职业教育的教师和企业的技术专家与我们联系,帮助我们搞好中等职业学校的教材建设。对教材中出现的问题,欢迎用户们指正。联系方式:010-62781809,shuaizhq@tup.tsinghua.edu.cn。

丛书编写委员会
2007 年 5 月

前言

FOREWORD

在因特网(Internet)迅猛发展的今天,网络技能已经成为现代人必备的技能之一。Flash 的出现给因特网添加了一道亮丽的风景线,迅速成为时代新宠。它不仅是传媒的重要手段之一,更是渗透在我们生活中鲜活的感情表达方式。

纵观当前国内的计算机书籍市场,不难发现关于制作 Flash 动画的教程非常多,但大多数都是围绕逐帧动画、运动动画、形变动画、蒙版动画等展开内容,读者虽然可以掌握基本的 Flash 制作技术,但对 Flash 在现实生活中的应用还有差距,一旦脱离了书本,就无从下手,不知如何组织,不能达到学以致用。笔者认为学习 Flash 软件的操作方法与实际生活中的应用同样重要,应该使两者有机地结合起来,强调"在用中学"、"在学中用",所以本书以帮助读者掌握 Flash 8 在现实生活中的应用技术为目标。

本书共分为 8 章,第 1 章将使用 Flash 8 设计制作二维动画的基本技术做了比较全面的介绍,分章节介绍了逐帧动画、渐变动画、遮罩动画、补间动画、引导层动画等的制作技术与基本设计制作流程,使读者对 Flash 8 有一个基本的认识与了解;第 2 章介绍了 Flash 8 在矢量绘图中的应用,详细介绍了使用 Flash 8 中的绘图工具绘制各种图形的方法与技巧;第 3 章介绍了 Flash 8 在网页动画中的应用技术与技巧;第 4 章介绍了 Flash 8 在网络广告中的应用技术与技巧;第 5 章介绍了 Flash 8 设计电子贺卡的方法与技巧,详细介绍了设计电子贺卡的基本流程与基本思路;第 6 章介绍了 Flash 8 设计制作 MTV 的方法与技术,通过一个"生日贺卡"的设计与制作,介绍了 MTV 设计与制作的流程与基本方法;第 7 章介绍了 Flash 8 设计网页与网站的方法与技巧,详细介绍了使用 Flash 8 设计网页与网站的核心技能与技巧;第 8 章介绍了 Flash 8 在游戏设计领域的应用,通过几个小游戏介绍了 Flash 设计游戏的基本技能与方法及常用的脚本语言。

本书每章通过作品展示与制作、知识讲解、拓展训练三个环节，分别介绍了 Flash 8 在不同领域的应用情况，结合不同应用领域的使用讲解了 Flash 8 的基本操作技能与操作技巧，使读者对 Flash 8 的应用有了更进一步的认识。

本书由段标老师任主编，并统编了全稿，袁纳新老师审读全稿并提出了很多宝贵意见。参与本书编写及整理工作的还有李厉、胡全、陈爱霞、戴春燕老师。本书在编写过程中得到南京市玄武中等专业学校、启东职教中心、金陵职教中心领导的大力支持，他们对教材的编写提出了许多宝贵意见，在此表示衷心的感谢。

由于编者水平有限，同时一些新的编写思路尚在探索、尝试中，还有待于教学实践的检验，因此书中难免会存在一些错误和疏漏，恳请广大读者、教师和计算机教学专家批评指正。

编　者

2007 年 6 月

目录

第 **1** 章

Flash 8 动画基础

学习要点

1. 熟悉 Flash 8 的工作环境
2. 掌握时间轴、帧等基本概念
3. 掌握 Flash 8 制作动画的基本流程
4. 掌握 Flash 8 制作动画的基本方法

　　Flash 8 是创作性的工具,可以创建从简单的动画到复杂的交互式 Web 应用程序。在创作的过程中,个人创意与 Flash 技术的结合才可以做出有声有色的动画作品。本章将以制作一个简单的"几何图形渐变"动画为例,进入 Flash 之旅的第一站,进而熟悉 Flash 8 的工作环境,掌握一些常用工具和功能菜单的使用方法,系统地学习使用 Flash 8 完成基本动画的制作过程。

1.1　动手制作第一个 Flash 动画

　　动画是基于人的视觉原理创建的运动图像,在一定时间内连续、快速地观看一系列静止画面,就会给视觉造成连续变化的动画效果。Macromedia 公司的二维动画制作软件 Flash 8 以其强大的功能和广泛的应用性,已经成为目前使用最广泛的二维动画软件。它不仅支持动画、声音及交互功能,其强大的多媒体编辑能力还可以直接生成网页代码,可以与 HTML 文件充分结合,被广泛地应用于各种网页中,成为网络上一道亮丽的风景线。

1.1.1　制作第一个 Flash 动画

　　一个小球从屏幕的左侧缓缓地向右侧移动,在移动过程中,小球的形状、颜色在发生着变化,如图 1-1 所示。这就是 Flash 带来的神奇效果。按照下面的操作步骤就能够立刻体验 Flash 的神奇。

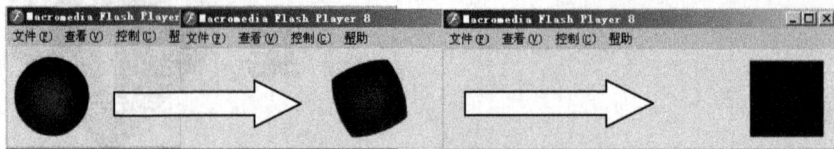

图 1-1　Flash 动画样例

1. 启动 Flash 8 程序，打开 Flash 8 主工作窗口

单击"开始"按钮→选择"程序"选项→打开"Macromedia"程序组→选择"Macromedia Flash 8"选项，就可以启动 Flash 8，启动完成后的界面如图 1-2 所示。

图 1-2　Flash 8 的工作窗口

教你一招

双击桌面上的"Macromedia Flash 8"程序的快捷图标（假设已设置快捷方式），即可打开 Flash 8 的工作窗口。

2. 创建新项目

单击图 1-2 所示"创建新项目"栏目中的"Flash 文档"链接按钮，建立一个新的 Flash 文档，如图 1-3 所示。

3. 设置动画影片的舞台大小

选择"修改"→"文档"菜单选项或按 Ctrl＋J 组合键，打开"文档属性"对话框。在 Flash 8 文档中默认的舞台大小为宽 550px（像素），高 400px，背景颜色为"白色"，帧频为 "12fps"（每秒钟播放 12 帧，每 1 帧即为一个动画画面），如图 1-4 所示。本例中制作的第一个几何图形渐变的简单动画中，将舞台的大小设置为宽"400px"，高"100px"，背景颜色为"黄色"，帧频为"12fps"，如图 1-5 所示。

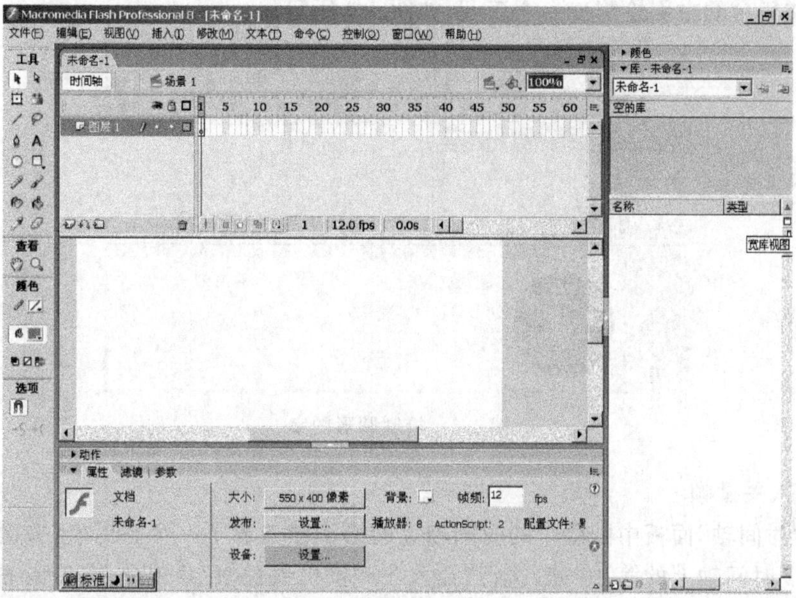

图 1-3　新建 Flash 文档

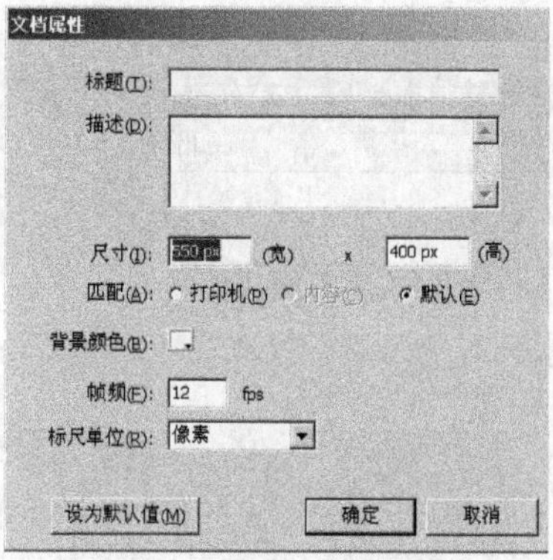

图 1-4　系统默认文档属性 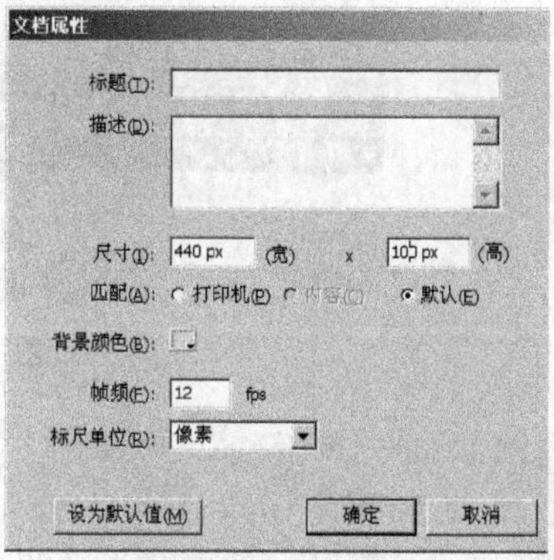　　　　　　　　　图 1-5　设置文档属性

教你一招

在图 1-3 所示的 Flash 文档窗口中，展开"属性"面板，再单击面板中的"550×400 像素"按钮，即可打开"文档属性"对话框。接着就可以设置文档舞台的宽度、高度、背景颜色及帧频了。如果只是想简单地修改舞台的背景颜色和影片的帧频，那么可以在"属性"面板中直接设置。

4. 在舞台的左侧使用"椭圆工具" ○ 绘制出一个正圆，并设置填充色

在图 1-3 所示的 Flash 文档窗口中，单击"工具箱"中的"椭圆工具" ○ 按钮，在"颜色"区域中，将"笔触颜色"设置为无色，然后将"填充色"设置为"红色球形"，最后按住

Shift 键,在舞台的左侧绘制出一个正圆,如图 1-6 所示。

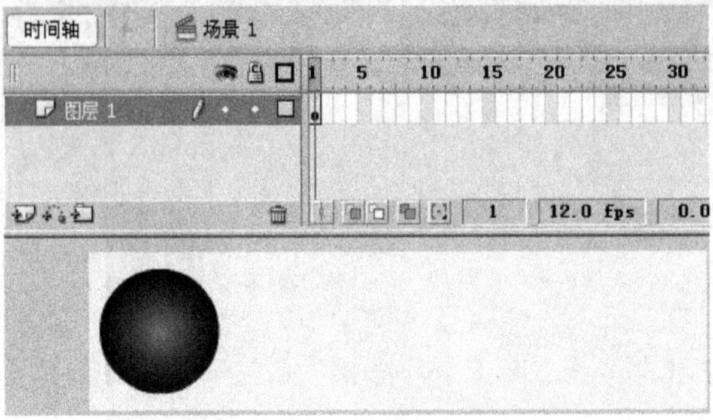

图 1-6　绘制圆形图案

5. 插入关键帧

此时"时间轴"面板中图层 1 的时间轴上的第 1 帧变成了一个小黑点(关键帧标志)。选中图层 1 时间轴上的第 40 帧,执行"插入"→"空白关键帧"菜单命令(或者右击时间轴第 40 帧,在快捷菜单中执行"插入空白关键帧"命令,直接在时间轴上插入空白关键帧),空白关键帧的图标在时间轴上显示为一个空心小圆点,如图 1-7 所示。

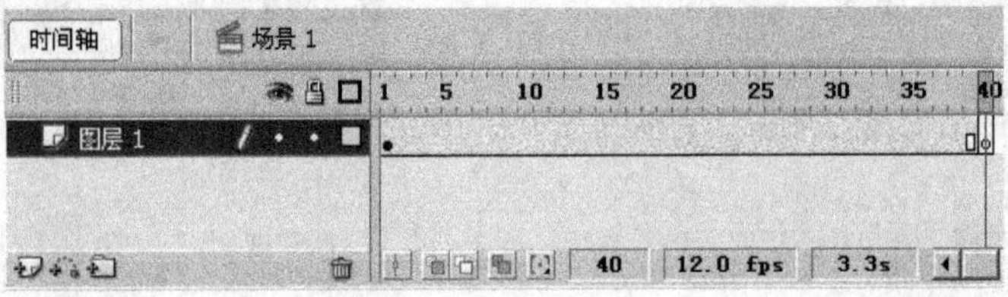

图 1-7　插入关键帧

提个醒

选中第 40 帧后,原先在舞台左侧绘制的红色圆"消失"了,舞台上什么对象都没有。这是因为此时看到的是影片第 40 帧(即第 40 个画面)暂时还是一个空白关键帧。

6. 绘制第 40 帧图案

在图 1-3 所示的 Flash 文档窗口中,选择工具箱中的"矩形工具",在"颜色"区域中,将"笔触颜色"设置为无色,将"填充色"设置为"蓝色",最后按住 Shift 键,拖曳鼠标,在舞台的右侧绘制出一个正方形,如图 1-8 所示。

此时,图层 1 时间轴的第 40 帧处的空白关键帧已经转变成了一个关键帧。

7. 为影片创建补间动画

单击选中图层 1 时间轴上的第 1 帧到第 40 帧之间的任意一帧,打开"属性"面板,选择"补间"下拉列表框中的"形状"选项,如图 1-9 所示。

所谓补间动画就是让 Flash 8 程序为用户自动地在两个关键帧之间创建动画效果,补间动画有两种类型:①动作,一般用于关键帧含有元件对象,使用动作类型的补间,在

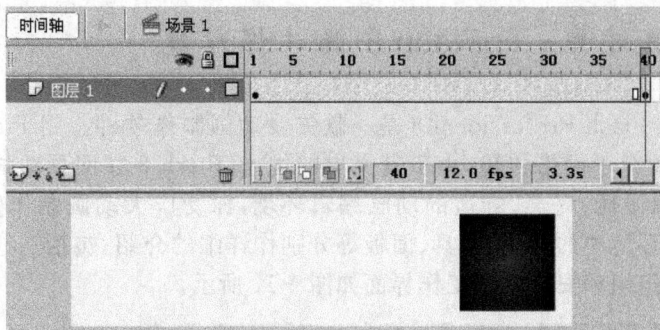

图 1-8　绘制第 40 帧图案

图 1-9　设置补间动画

创建完成后关键帧之间用淡紫色填充；②形状，一般用于关键帧含有的是形状对象，使用形状补间，在创建完成后关键帧之间用淡绿色自动填充。

此时如果想预览动画效果，只要按 Enter 键就可以了。

8. 保存第一个动画作品

执行“文件”→“保存”菜单命令（快捷键为 Ctrl＋S），打开“另存为”对话框，设置文档的存储路径、文档的文件名后，单击“保存”按钮即可，如图 1-10 所示。此时存储的作品是.fla 格式的文档。

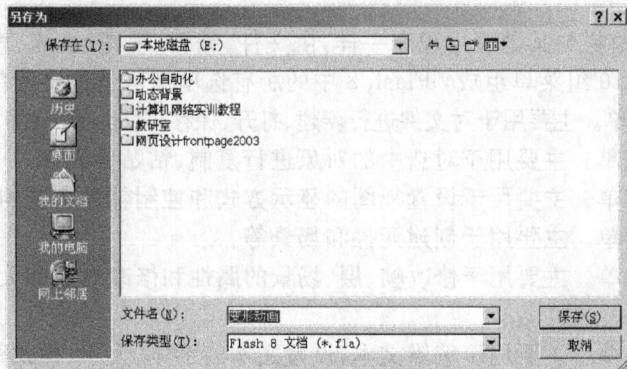

图 1-10　保存文件

9. 导出动画

执行“文件”→“导出”→“导出影片”菜单命令，在弹出的“导出影片”对话框中，设置影片的导出路径和影片的文件名，最后单击“保存”按钮即可。此时文件是.swf 格式。

1.1.2 知识讲解——Flash 8 的工作环境

Macromedia Flash Professional 8 是一款矢量动画制作软件。用 Flash 8 制作的矢量动画非常小,适合于网络传输,由于其突出的优点,Flash 8 在网页动画制作领域得到了广泛的应用,以便捷、完美、舒适的动画编辑环境,深受广大动画制作爱好者的喜爱。下面我们对工作环境中的菜单、工具、面板等分别作详细的介绍,包括一些基本的操作方法和工作环境的组织和安排。其工作界面如图 1-11 所示。

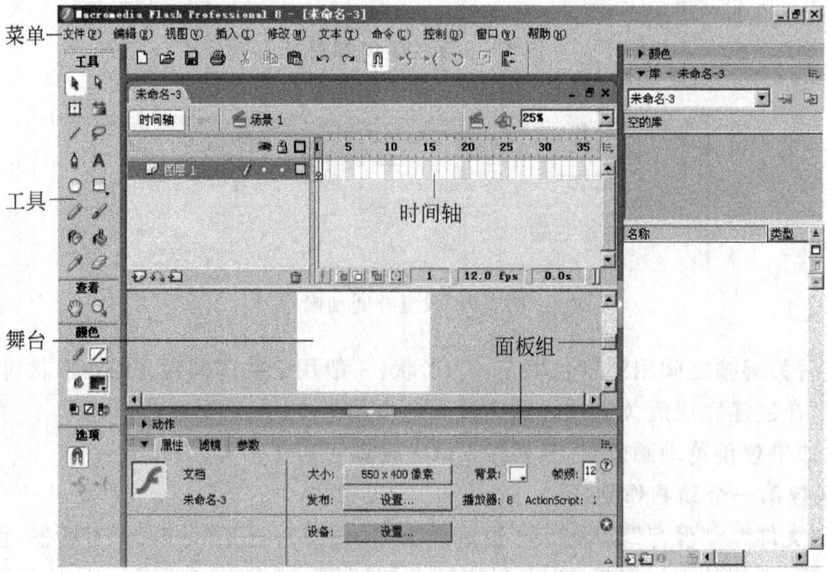

图 1-11 工作界面

1. 菜单栏

Flash 8 的菜单栏与其他应用程序一样,由文件、编辑、视图、插入、修改、文本、命令、控制、窗口和帮助 10 组菜单组成,Flash 8 中的所有选项都可从这些菜单中找到。

(1)"文件"菜单。主要用于对文件进行新建、打开、保存、关闭、导入、导出和发布等操作。

(2)"编辑"菜单。主要用于对选中的对象进行复制、粘贴等操作。

(3)"视图"菜单。主要用于设置视图的显示方式和控制辅助工具的显示状态等。

(4)"插入"菜单。主要用于创建元件和场景等。

(5)"修改"菜单。主要用于修改帧、层、场景的属性和修改对象的大小、形状、排列方式等。

(6)"文本"菜单。主要用于编辑文本,设置文本的字体、大小、样式等。

(7)"命令"菜单。主要用于对保存的命令进行重命名、运行等操作。

(8)"控制"菜单。主要用于播放、测试影片等。

(9)"窗口"菜单。主要用于窗口的设置。

(10)"帮助"菜单。主要包含了教程、联机帮助等。

2. 工具箱

工具箱是 Flash 8 最常用到的一个面板,单击就能选中其中的各种工具。使用工具箱中的工具可以绘图、上色、选择和修改插图，并可以更改舞台的视图。工具箱面板分为四个部分：

- "工具"区域包含绘图、上色和选择工具。
- "查看"区域包含在应用程序窗口内进行缩放和移动的工具。
- "颜色"区域包含用于笔触颜色和填充颜色的功能键。
- "选项"区域显示用于当前所选工具的功能键。功能键影响工具的上色或编辑操作。

可以自定义工具箱中的工具编排，执行"编辑"→"自定义工具面板"命令，打开"自定义工具栏"对话框，可以根据需要和喜好指定要在 Flash 创作环境中显示哪些工具。

3. 时间轴

时间轴用于组织和控制文档内容在一定时间内播放的图层数和帧数。与胶片一样，Flash 文档也将时长分为帧。图层就像堆叠在一起的多张幻灯胶片一样，每个图层都包含一个显示在舞台中的不同图像。时间轴的主要组件是图层、帧和播放头。

文档中的图层列在时间轴左侧的列中。每个图层中包含的帧显示在该图层名右侧的一行中。时间轴顶部的时间轴标题指示帧编号。播放头指示当前在舞台中显示的帧。播放 Flash 文档时，播放头从左向右通过时间轴。

时间轴状态显示在时间轴的底部，它指示所选的帧编号、当前帧频及到当前帧为止的运行时间。

提个醒

在播放动画时，将显示实际的帧频；如果计算机不能足够快地计算和显示动画，则该帧频可能与文档的帧频设置不一致。

---

4. 舞台

在 Flash 8 中编辑动画内容通常是在工作界面中间的白色区域（区域颜色可以设置）中进行的，这个白色区域叫做"舞台"，是放置动画内容的区域。这些内容包括矢量插图、文本框、按钮、导入的位图图形或影片剪辑等。可以在"属性"面板中设置和改变"舞台"的大小，默认状态下，"舞台"的宽为 550 像素，高为 400 像素。

5. 常用面板

面板组是相关面板的集合，每个面板组都可以展开和折叠，并且可以和其他面板组层叠在一起。Flash 8 将其进行了分类，在"窗口"菜单的子菜单中可以找到所有的面板。

要调出需要的面板，只需在"窗口"菜单中执行相应的命令即可，也可以使用各命令后提示的快捷键。

在打开的面板中单击右上角的 ▓▼ 按钮，在弹出的菜单中选择"关闭面板组"命令即可关闭该面板。如果要隐藏所有的面板，可以直接按 F4 键。虽然这些面板系统默认分布在工作界面的底部和右部，但这些面板都可以通过拖动来改变位置。当对面板布局进行调整后，需要恢复到系统默认的面板布局时，只需执行"窗口"→"工作区布局"→"默认"菜单命令即可。

Flash 8 的面板组包括"属性"面板、"库"面板，除此之外的其他面板被分成三类，分别是设计面板、开发面板、其他面板，三类面板的子菜单如图 1-12 所示。

对齐(G)	Ctrl+K
混色器(X)	Shift+F9
颜色样本(W)	Ctrl+F9
信息(I)	Ctrl+I
变形(T)	Ctrl+T

动作(A)	F9
行为(H)	Shift+F3
调试器(U)	Shift+F4
影片浏览器(M)	Alt+F3
输出(O)	F2
项目(J)	Shift+F8

辅助功能(A)	Alt+F2
历史记录(H)	Ctrl+F10
场景(S)	Shift+F2
屏幕(S)	
字符串(S)	Ctrl+F11
Web 服务(W)	Ctrl+Shift+F10

图 1-12　三类面板子菜单

几种常用面板的基本功能如下。

(1)"属性"面板

"属性"面板如图 1-13 所示。

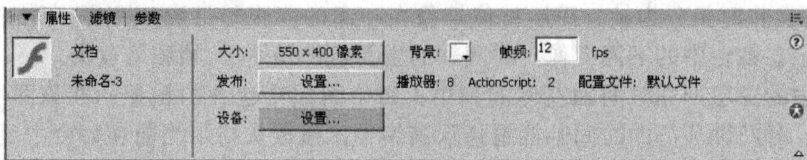

图 1-13　"属性"面板

该"属性"面板显示了当前文档属性，如大小、背景颜色、帧频等。在编辑过程中，如果选中了某个对象，"属性"面板中将显示该对象的属性。图 1-14 为选中在场景中绘制的一个矩形后的"属性"面板，其中显示了矩形的宽、高、坐标位置及颜色等属性。

图 1-14　矩形的属性面板

(2)"库"面板

"库"面板用于存放文档中用到的元件，如图 1-15 所示。

"库"面板的上部为预览区，下部为元件列表区。当选中列表区中的某一元件时，预览区中将显示该元件的预览状态。

(3)"混色器"面板和"颜色样本"面板

"混色器"面板和"颜色样本"面板用于选择和调配颜色，分别如图 1-16 和图 1-17 所示。

(4)"对齐"面板

"对齐"面板用于精确地对齐对象的位置，如图 1-18 所示。面板左边的按钮提供了不同的对齐方式，面板右边的"相对于舞台"按钮决定对齐的标准。如果该按钮为按下状态，则将场景作为对齐的标准；如果该按钮为非按下状态，则将选中的对象作为对齐的标准。

图 1-15　"库"面板

图 1-16 "混色器"面板　　　图 1-17 "颜色样本"面板　　　图 1-18 "对齐"面板

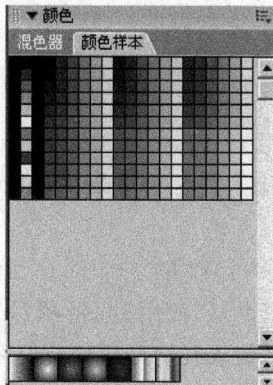

（5）"动作-帧"面板

"动作-帧"面板可以为 Flash 添加动作脚本（ActionScript）。添加了脚本后的"动作-帧"面板如图 1-19 所示。

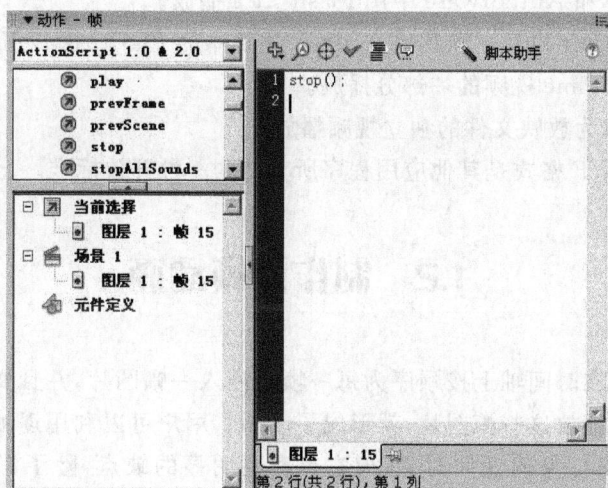

图 1-19 "动作-帧"面板

"动作-帧"面板的左边列出了文档中所有可以添加脚本的对象，包括关键帧和影片剪辑元件，选中某个对象后，右边的窗口中将显示为该对象添加的脚本。

6. Flash 文档相关的文件类型

Flash 8 可用来处理多种文件类型。每种类型都具有不同的用途。下面描述了每种文件类型及其用途。

FLA 文件是在 Flash 中处理的主要文件。这些文件中包含了 Flash 文档的基本媒体、时间轴和脚本信息。

SWF 文件是 FLA 文件的压缩版本。这些文件是在 Web 页面中显示的文件。

AS 文件是 ActionScript 文件。如果习惯于将某些或所有 ActionScript 代码保持在 FLA 文件的外部，可以使用这些文件。这对代码组织很有帮助，并且对由多个人同时处理 Flash 内容的不同部分的项目也很有帮助。

SWC 文件包含可重用的 Flash 组件。每个 SWC 文件都包含已编译影片剪辑、ActionScript 代码及组件需要的其他任何资源。

ASC 文件是用于存储将在运行 Flash Communication Server 的计算机上执行的 ActionScript 的文件。这些文件提供了实现与 SWF 文件中的 ActionScript 一起使用的服务器端逻辑的能力。

JSFL 文件是 JavaScript 文件，可以用来向 Flash 创作工具添加新功能。

FLP 文件是 Flash 项目文件。可以使用 Flash 项目来管理单个项目中的多个文档文件。Flash 项目可将多个相关文件组织在一起以创建复杂的应用程序。

7. Flash 动画的播放

每个.fla 文件被播放一次后都会自动在.fla 文件所在位置生成一个 SWF 文件，以后只需直接双击该文件即可播放动画。可以用以下方式播放 Flash 内容。

- 在 Internet 浏览器（如安装了 Flash Player 8 的 Firefox 和 Internet Explorer）上播放。
- 在 Director 和 Authorware 中用 Flash Xtra 播放。
- 利用 Microsoft Office 和其他 ActiveX 主机中的 Flash ActiveX 控件播放。
- 作为 QuickTime 视频的一部分播放。
- 作为一种称为放映文件的独立视频播放。
- Flash 的 SWF 格式是其他应用程序所支持的一种开放标准。

1.2 制作逐帧动画

逐帧动画就是在时间轴上按顺序为每一帧都插入一幅图片，并且要求相邻两帧的图片差别很小。连续播放这些帧图片，就形成了动画。用户可以利用逐帧动画控制内容移动的方式，从而编辑可见的任何对象，但它也存在明显的缺点，除了消耗大量的时间之外，这种动画方式还会增加影片文件的总长度，因此，在一般情况下不使用这种方式制作动画。但是，对于要求较高的影片，逐帧动画却能发挥出它独特的作用。

1.2.1 制作一个逐帧动画

相信很多人都爱看动作类和体育类的电视节目，觉得一些动作效果很有趣。下面来制作一个像素人跑跳运动的动画。制作的样例如图 1-20 所示。

图 1-20 效果图

1. 安装本实例用到的 Swifty 字体

安装此字体是因为此字体下显示出来的字母就是一些人物的动作。

2. 创建影片文档

执行"文件"→"新建"命令，在弹出的对话框中选择"常规"→"Flash 文档"选项后，单击"确定"按钮，新建一个影片文档。在"文档属性"对话框中进行设置：文件大小为 600×150 像素，背景颜色为白色，帧频为 8fps，如图 1-21 所示。

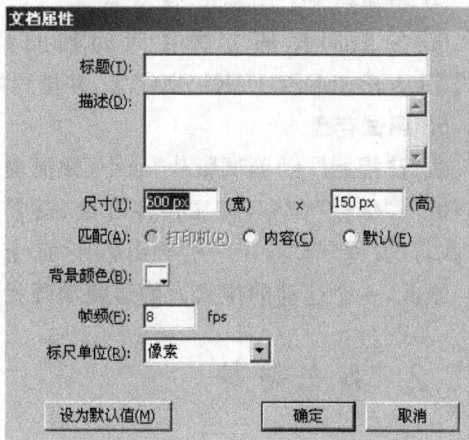

3. 修改图层名称，制作背景

① 双击"图层 1"的图层名称，将其图层名称修改为"背景"。

图 1-21　文档属性

提个醒

　　及时修改图层名称使其与内容相对应，可以更准确快速地找到每个图层中的内容，方便编辑与修改，所以养成一个良好的图层命名习惯是必要的。

---

② 选择"线条工具" ／ ，"属性"面板设置笔触高度为 5，按 Shift 键，在舞台正中画一条水平直线作为运动的路面。

4. 添加图层，制作像素人的运动效果

① 新建一个图层，命名为"人物"。

② 选择"文本工具" A ，"属性"面板设置字体为 Swifty，大小为 60，在舞台的垂直居中、水平居右的位置，输入字母 Q，调整此人物在背景线上的位置，如图 1-22 所示。

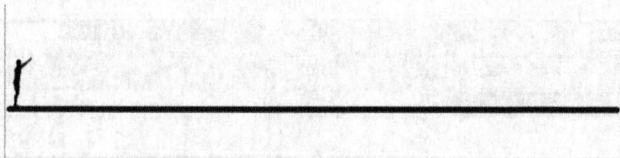

图 1-22　第 1 帧效果

③ 按照同样的方法在时间轴的第 2 帧插入关键帧，选择"文本工具"，输入字母 W，调整此人物在背景线上的位置，并且放在第一帧的人物后面，如图 1-23 所示。

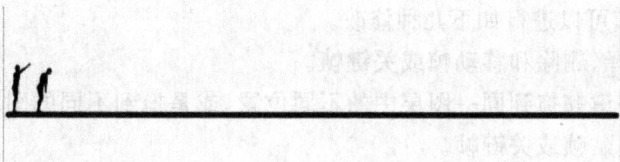

图 1-23　第 2 帧效果

④ 删除第一个像素人,保留第二个。

⑤ 按照同样的方法在时间轴的第 3 ~ 24 帧插入关键帧,依次输入字母 ERTYUIOPASDFGHJKLZXCVB,并排列好位置。

5. 测试存盘

执行"控制"→"测试影片"命令(快捷键 Ctrl+Enter),观察动画效果,如果满意,执行"文件"→"保存"命令,将文件保存成"逐帧动画. fla"文件,如果要导出 Flash 的播放文件,执行"文件"→"导出"→"导出影片"命令。

至此,一个运动的像素人的逐帧动画就制作完成了。

1.2.2 知识讲解

1. 创建逐帧动画的基本方法

创建逐帧动画的方法主要有以下四种。

- 导入静态图片:分别在每帧中导入静态图片,建立逐帧动画,静态图片的格式可以是 JPG、PNG 等。
- 绘制矢量图:在每个关键帧中,直接用 Flash 的绘图工具绘制出每一帧中的图形。
- 导入序列图像:直接导入 GIF 序列图像,其中包含的多个帧导入到 Flash 中后,将会把动画中的每一帧自动分配到每一个关键帧中。
- 导入 SWF 动画:直接导入已经制作完成的 SWF 动画,或者导入第三方软件(如 swish、swift 3D 等)产生的动画序列,同样可以创建逐帧动画。

2. 帧

帧是动画的基本元素,Flash 动画是由帧构成的。帧有普通帧、关键帧和空白关键帧三种类型。关键帧是有内容的帧,可以任意更改该帧中的对象,在时间轴上以小黑点表示;普通帧用于延长关键帧中的内容或作为两关键帧间动作的过渡,在时间轴上以空心方块表示;空白关键帧是没有任何内容的帧,在时间轴上以空心圆表示,如图 1-24 所示。

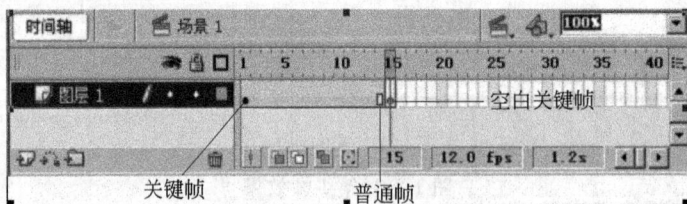

图 1-24 帧的表现形式

3. 帧的修改

对帧或关键帧可以进行如下几种修改。

(1)插入、选择、删除和移动帧或关键帧。

(2)将帧或关键帧拖到同一图层中的不同位置,或是拖到不同的图层中。

(3)复制和粘贴帧或关键帧。

(4)将关键帧转换为帧。

（5）从"库"面板中将一个项目拖动到舞台上，从而将该项目添加到当前的关键帧中。

Flash 8 提供两种不同的方法在时间轴中选择帧。在基于帧的选择（默认情况）中，可以在时间轴中选择单个帧；在基于整体范围的选择中，在单击一个关键帧到下一个关键帧之间的任何帧时，整个帧序列都将被选中。可以在 Flash 首选参数中指定基于整体范围的选择。

4. 帧的插入

在时间轴中插入帧，有以下三种操作方法。

（1）插入新帧。执行"插入"→"帧"命令。

（2）创建新关键帧。执行"插入"→"关键帧"命令，或者右击时间轴上要放置关键帧处或按住 Ctrl 键单击时间轴上要放置关键帧处的帧再右击，然后从弹出的快捷菜单中执行"插入关键帧"命令。

（3）创建新的空白关键帧。执行"插入"→"空白关键帧"命令，或者右击时间轴上要放置空白关键帧处或按住 Ctrl 键单击时间轴上要放置空白关键帧处的帧再右击，然后从弹出的快捷菜单中执行"插入空白关键帧"命令。

5. 帧的选择

选择时间轴中的一个或多个帧，有以下四种操作方法。

（1）选择一个帧，请单击该帧。如果在"首选参数"对话框中启用了"基于整体范围的选择"，则单击某个帧将会选择两个关键帧之间的整个帧序列。

（2）选择多个连续的帧，请按住 Shift 键并单击时间轴上需要连续选中的第一帧和最后一帧。

（3）选择多个不连续的帧，请按住 Ctrl 键并单击需要选中的帧。

（4）选择时间轴中的所有帧，请执行"编辑"→"时间轴"→"选择所有帧"命令。

6. 帧的删除

删除或修改帧或关键帧，有以下几种操作方法。

（1）删除帧、关键帧或帧序列。选中该帧、关键帧或帧序列，然后执行"编辑"→"时间轴"→"删除帧"命令，或者右击或按住 Ctrl 键并单击该帧、关键帧或帧序列，然后从菜单中执行"删除帧"命令，周围的帧将保持不变。

（2）移动关键帧或帧序列及其内容。将该关键帧或帧序列拖到所需的位置。

（3）通过拖动来复制关键帧或帧序列。按住 Alt 键单击该关键帧，并将该关键帧拖到新位置。

（4）复制和粘贴帧或帧序列。选择该帧或帧序列，然后执行"编辑"→"时间轴"→"复制帧"命令，选择想要替换的帧或帧序列，然后执行"编辑"→"时间轴"→"粘贴帧"命令。

（5）将关键帧转换为帧。选定该关键帧，然后执行"编辑"→"时间轴"→"清除关键帧"命令，或者右击该关键帧或按住 Ctrl 键单击该关键帧，然后从弹出的快捷菜单中执行"清除关键帧"命令。所清除的关键帧及到下一个关键帧之前的所有帧的舞台内容，将被所清除的关键帧之前的帧的舞台内容替换。

（6）更改补间序列的长度。将开始关键帧或结束关键帧向左或向右拖动。

14

1.2.3 拓展训练——制作模仿手写字的动画

制作一个模仿手写"大"字的动画。

1. 创建影片文档

执行"文件"→"新建"命令,在弹出的对话框中选择"常规"→"Flash 文档"选项后,单击"确定"按钮,新建一个影片文档。在"文档属性"对话框中进行设置:文件大小为200×200 像素,背景颜色为黑色,如图 1-25 所示。

2. 制作第 1 帧内容

选择"文本工具","属性"面板设置字体为楷体,大小为 200,在舞台的垂直居中、水平居右的位置,输入一个"大"字,执行"修改"→"分离"菜单命令分离该对象,如图 1-26所示。

图 1-25　文档属性

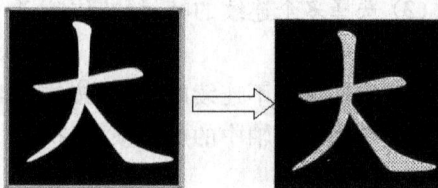

图 1-26　分离"大"字

3. 擦除笔画

第 2 帧插入关键帧,选择"橡皮工具",将"大"字的捺笔擦去一点。第 3 帧插入关键帧,用橡皮工具继续将"大"字的捺笔末端再擦去一点。依此类推,一直到将"大"字的捺笔擦除完毕为止,如图 1-27 所示为第 2~5 帧中的擦除情况。

第2帧　　　第3帧　　　第4帧　　　第5帧

图 1-27　图层 1 第 2~5 帧的内容

到第 18 帧时,将"大"字的捺笔全部擦除。为了表现一笔写完时的停顿,隔两帧再继续擦除撇笔,到第 42 帧上全部擦除。依此类推,到第 57 帧上将"大"字的横笔全部擦除,此时,整个舞台上已经没有内容了。

4. 翻转帧

按住 Shift 键,单击第 1 帧,接着再单击第 57 帧,此时将选中第 1~57 帧,选择"修改"→"时间轴"→"翻转帧"选项,将所选择的帧进行反转操作,即使第 57 帧成为第 1 帧,第 56 帧成为第 2 帧……

5. 测试存盘

执行"控制"→"测试影片"命令(快捷键 Ctrl+Enter),观察动画效果,如果满意,执行"文件"→"保存"命令,将文件保存成"手写字. fla"文件,如果要导出 Flash 的播放文件,执行"文件"→"导出"→"导出影片"命令。

至此,一个模仿手写"大"字的动画制作完成。

提个醒

擦除笔画的顺序是按照写汉字的反方向进行的,从右往左擦,从下往上擦。

1.3 制作渐变动画

渐变动画是指对象随时间变化而发生形状、颜色、大小等变化的动画。渐变动画分为形状渐变动画和运动渐变动画两类。运动渐变只是对象位置发生变化,而形状渐变则是对象在位置变化的同时,形状也发生了变化。

1.3.1 制作一个形状渐变动画

这是一个由一个红色大圆渐变成七个蓝色小圆的动画,效果预览如图 1-28 所示。

图 1-28 动画的瞬间效果

1. 创建影片文档

执行"文件"→"新建"命令,在弹出的对话框中选择"常规"→"Flash 文档"选项后,单击"确定"按钮,新建一个影片文档。在"文档属性"对话框中设置文件大小为 300×300 像素。

2. 创建变形对象——红色大圆

选择工具箱中的"椭圆工具" ◯,设置笔触颜色为无色,填充色为红色,在舞台的中央按住 Shift 键绘制一个大圆。

3. 创建目标对象——七个蓝色小圆

单击第 20 帧,按 F7 键插入空白关键帧。单击时间轴上的"绘图纸外观轮廓"按

图 1-29　绘制图形

钮 ，显示出第一帧中的图形线框。

选择工具箱中的"椭圆工具" ，设置笔触颜色为无色，填充色为蓝色，在舞台上绘制 7 个小圆，大小与位置如图 1-29 所示。

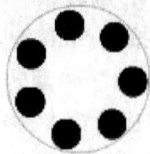

4. 创建形状补间动画

单击第 1 帧，打开"属性"面板，选择"补间"下拉列表中的"形状"选项。

5. 测试存盘

至此，一个简单的形状渐变动画就完成了，按 Ctrl＋Enter 组合键，观赏一下动画的效果，如果满意，执行"文件"→"保存"命令，将文件保存成"形状渐变.fla"文件，如果要导出 Flash 的播放文件，执行"文件"→"导出"→"导出影片"命令。

1.3.2　知识讲解

1. 创建形状渐变动画的方法

在时间轴面板上动画开始播放的地方创建或选择一个关键帧并设置要开始变形的形状，一般以一帧中一个对象为好，在动画结束处创建或选择一个关键帧并设置要变成的形状，再单击开始帧，在"属性"面板上单击"补间"旁边的下三角按钮，在弹出的下拉列表框中选择"形状"选项，此时，一个形状渐变动画就创建完毕了。

2. 形状渐变动画中的基本概念

（1）形状渐变动画

在一个关键帧中绘制一个形状，然后在另一个关键帧中更改该形状或绘制另一个形状，Flash 根据二者之间的帧的值或形状来创建的动画被称为"形状渐变动画"。

（2）构成形状渐变动画的元素

形状渐变动画可以实现两个图形之间颜色、形状、大小、位置的相互变化，其变形的灵活性介于逐帧动画和动作补间动画之间，使用的元素多为用鼠标指针或压感笔绘制出的形状，如果使用图形元件、按钮、文字，则必先"打散"才能创建变形动画。

（3）形状渐变动画在"时间轴"面板上的表现

形状渐变动画建好后，"时间轴"面板的背景色变为淡绿色，在起始帧和结束帧之间有一个长箭头，如图 1-30 所示。

（4）形状渐变动画的"属性"面板

Flash 8 的"属性"面板随选定对象的不同而发生相应的变化。当我们建立了一个形状渐变动画后，单击帧，"属性"面板如图 1-31 所示。

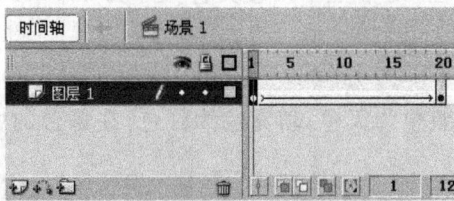

图 1-30　创建好的形状渐变动画

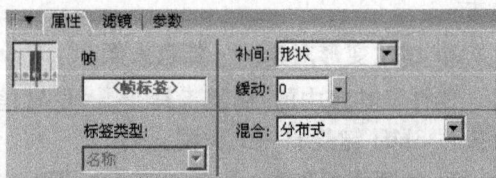

图 1-31　形状渐变动画的属性面板

形状渐变动画的"属性"面板上只有下面两个参数。

① "缓动"选项。单击其右边的下三角按钮,会弹出滑动杆,拖动上面的滑块可以调节参数值,当然也可以在文本框中直接输入具体的数值。设置后,形状渐变动画会随之发生相应的变化。

- 在 -100 到 -1 之间,动画运动的速度从慢到快,朝运动结束的方向加速补间。
- 在 1 到 100 之间,动画运动的速度从快到慢,朝运动结束的方向减速补间。
- 默认情况下,补间帧之间的变化速率是不变的。

② "混合"选项。"混合"选项中有两项供选择。

- "角形"选项:创建的动画中间形状会保留有明显的角和直线,适合于具有锐化转角和直线的混合形状。
- "分布式"选项:创建的动画中间形状比较平滑和不规则。

3. 运动渐变动画

(1) 运动渐变动画的概念

在一个关键帧上放置一个元件,然后在另一个关键帧改变这个元件的大小、颜色、位置、透明度等,Flash 8 根据两者之间的帧的值创建的动画被称为运动渐变动画。

(2) 构成运动渐变动画的元素

构成运动渐变动画的元素是元件,包括:影片剪辑、图形元件、按钮、文字、位图、组合等,但不能是形状,只有把形状"组合"或者转换成"元件"后才可以做"运动渐变动画"。

(3) 运动渐变动画在"时间轴"面板上的表现

运动渐变动画建立后,"时间轴"面板的背景色变为淡紫色,在起始帧和结束帧之间有一个长箭头,如图 1-32 所示。

(4) 创建运动渐变动画的方法

在"时间轴"面板上动画开始播放的地方创建或选择一个关键帧并设置一个元件,一帧中只能放一个项目,在动画要结束的地方创建或选择一个关键帧并设置该元件的属性,再单击开始帧,在"属性"面板上单击"补间"旁边的下三角按钮,在弹出的下拉列表框中选择"动画",或右击开始帧,在弹出的菜单中选择"创建补间动画"选项,就建立了"运动渐变动画"。

(5) 运动渐变动画的"属性"面板

在时间轴"运动渐变动画"的起始帧上单击,帧的"属性"面板如图 1-33 所示。

图 1-32　创建好的运动渐变动画

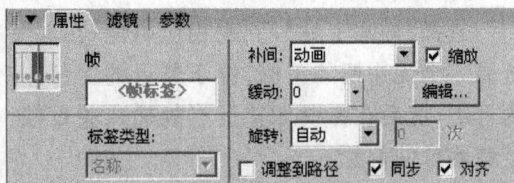

图 1-33　运动渐变动画的"属性"面板

① "缓动"选项。在(4)中已有描述。

② "旋转"选项。有四个选择,选择"无"选项(默认设置)可禁止元件旋转;选择"自动"选项可使元件在需要最小动作的方向上旋转对象一次;选择"顺时针"选项或"逆时针"选项,并在后面输入数字,可使元件在运动时顺时针或逆时针旋转相应的圈数。

③ "调整到路径"复选框。将补间元素的基线调整到运动路径,此项功能主要用于引导线运动。

④ "同步"复选框。使图形元件实例的动画和主时间轴同步。

⑤ "对齐"复选框。可以根据其注册点将补间元素附加到运动路径,此项功能也主要用于引导线运动。

4. 形状渐变动画和运动渐变动画的区别

形状渐变动画和运动渐变动画都属于渐变动画。前后都各有一个起始帧和结束帧,两者之间的区别如表所示。

形状渐变动画和运动渐变动画的区别表

区 别 项 目	运动渐变动画	形状渐变动画
在时间轴上的表现	淡紫色背景加长箭头	淡绿色背景加长箭头
组成元素	影片剪辑、图形元件、按钮、文字、位图等	形状,如果使用图形元件、按钮、文字,则必须先打散再变形
完成的作用	实现一个元件的大小、位置、颜色、透明度等的变化	实现两个形状之间的变化,或一个形状的大小、位置、颜色等的变化

1.3.3 拓展训练——制作一个运动渐变动画

制作一个模仿小球上下弹跳运动的动画。效果及时间轴分布分别如图 1-34、图 1-35 所示。

1. 创建影片文档

执行"文件"→"新建"命令,在弹出的对话框中选择"常规"→"Flash 文档"选项后,单击"确定"按钮,新建一个影片文档。在"文档属性"对话框中进行设置:文件大小为 300×400 像素,背景颜色为 ♯00CCFF,如图 1-36 所示。

2. 制作弹跳球

选择"椭圆工具",更改相应属性,在起始关键帧处画一个无边框的正圆,位于舞台的上部,并且转换为群组,然后在弹跳球转折点处插入关键帧,并且设置弹跳球的位置。

3. 创建动作补间动画

除了结束关键帧以外,其他关键帧的"属性"面板的"补间"下拉列表框中都选择"动画"选项,利用

图 1-34 动画的瞬间效果

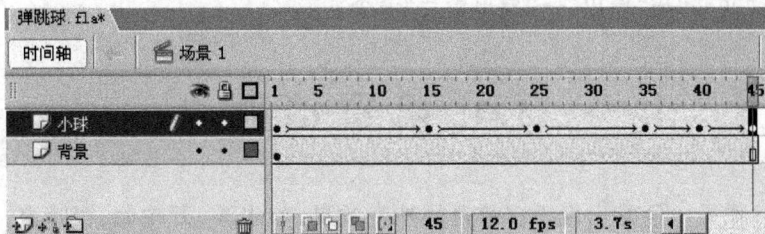

图 1-35　弹跳球的时间轴分布图

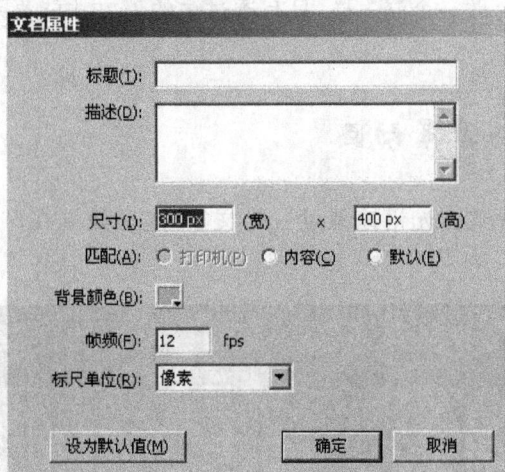

图 1-36　文档属性

位置的移动渐变创造出圆球弹跳的效果。

　　这样制作的"小球"是匀速的上下弹跳,而现实生活中因受地球吸引力的作用,"小球"应该是向下落的速度越来越大,弹起以后向上的速度逐步减小,所以我们还可以对补间动画属性进行一些设置,使"小球"的运动动画更符合客观规律。选中"小球"图层的第1 帧,在"属性"面板中"缓动"的参数文本框中输入"-100",用同样的方法选中"小球"图层的第 15 帧和第 35 帧,在"缓动"的参数文本框中输入"100",选中"小球"图层的第 25 帧和第 40 帧,在"缓动"的参数文本框中输入"-100"。

　　4．添加背景图

　　给"弹跳球"加上一个背景图片,使动画更加美观。选择工具箱中的工具绘制如图 1-37所示的背景图。

　　也可以执行"文件"→"导入"→"导入到舞台"命令,为"弹跳球"加上背景图片。

　　5．测试存盘

　　至此,一个简单的运动渐变动画制作完成。按Ctrl＋Enter 组合键,可以观赏动画的效果。如果满

图 1-37　弹跳球背景图

意,执行"文件"→"保存"命令,将文件保存成"弹跳球.fla"文件,如果要导出 Flash 的播

放文件,执行"文件"→"导出"→"导出影片"命令。

1.4 遮罩动画

在 Flash 作品中经常出现很多炫目的神奇效果,如水波、万花筒、百叶窗、放大镜、望远镜等,这其中不少就是用"遮罩"完成的。

简单地讲,遮罩就是将不需要显示的地方遮住,使需要显示的地方露出来。就像在一幅画上盖一块布,布上做一个洞一样,只有透过洞的地方才能显示出动画的内容,而其他部分就被遮盖起来。

1.4.1 制作一个遮罩动画

伴着"嗖"的声音,一道白光迅速掠过一排文字,这是经常在广告和电视中看到的效果。如图 1-38 所示。

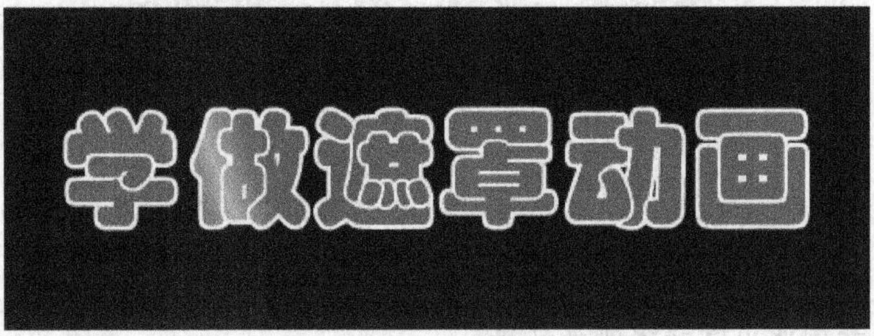

图 1-38 动画的瞬间效果

制作遮罩动画的操作步骤如下。

1. 创建影片文档

执行"文件"→"新建"命令,在弹出的对话框中选择"常规"→"Flash 文档"选项后,单击"确定"按钮,新建一个影片文档。在"属性"面板上设置文件大小为 550×200 像素,背景颜色为深绿色。

2. 创建底层文字层

将"图层 1"重新命名为"底层文字"。选择工具箱中的"文本工具",在场景中输入"学做遮罩动画"六个字,在"属性"面板中设置文字参数,如图 1-39 所示。

选中字体,执行"修改"→"分离"命令两次,把字体打散,再选择"颜料桶工具",把字体中心填充成红色。各个步骤的文字效果如图 1-40 所示。

在第 50 帧处添加普通帧,这一层起显示文字的作用。

3. 创建被遮罩层

新建一个"图层 2",将"图层 2"重新命名为"辉光"。执行"窗口"→"设计面板"→"混色器"命令,打开"混色器"面板,选择"类型"为"线性","溢出"为第二种类型,将三个色标

全部设置为白色,第一个和第三个的"Alpha"值为零,中间一个色标的"Alpha"值为 74%
(可按需设置)。设置完后,在场景中画一个无边矩形,大小为 40×150,如图 1-41 所示。
选中图形,执行"修改"→"组合"命令,把图形组合。

图 1-39　"学做遮罩动画"文字

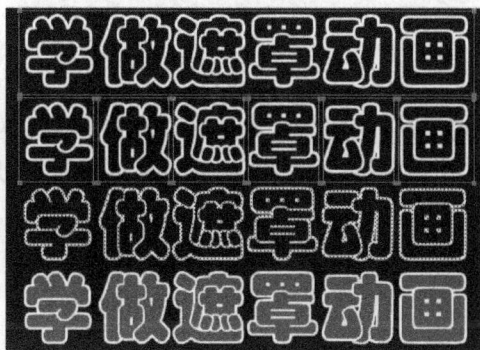

图 1-40　文字效果

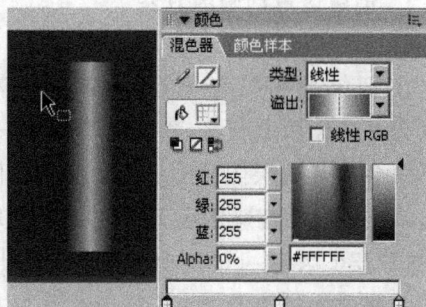

图 1-41　"混色器"面板和图形

　　调整该图形位置,放在"学做遮罩动画"文字的左边。选择工具栏上的"任意变形工
具",选择"选项"中的"旋转与倾斜"选项,将鼠标指针放在"辉光"的任意一个角,拖动鼠
标旋转一定角度,使"辉光"产生一定的倾斜度。在第 25、50 帧处添加关键帧,在第 25 帧
处把"辉光"拖到"学做遮罩动画"文字的右边,在第 1 帧和第 25 帧处建立动作补间动画,
如图 1-42 所示。

图 1-42　"辉光"在场景中的位置

4. 创建遮罩层

新建一个"遮罩层"图层，复制"底层文字"层的第 1 帧中的"学做遮罩动画"文字，选择"遮罩层"的第 1 帧，执行"编辑"→"粘贴到当前位置"命令，右击"遮罩层"图层，选择"遮罩层"选项，设置此层为遮罩层，这一层的作用是用字体做遮罩元素，用它来控制辉光在场景中出现的大小和位置。

至此，就已经创建完成"学做遮罩动画"这个动画，"时间轴"面板如图 1-43 所示。

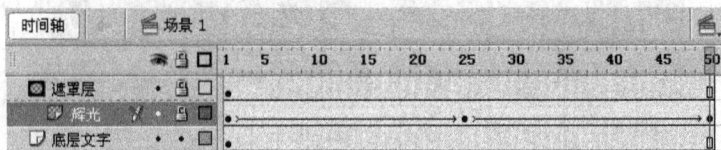

图 1-43 "时间轴"面板上的图层

1.4.2 知识讲解

1. 创建遮罩动画的方法

（1）创建遮罩

在 Flash 8 中没有一个专门的按钮来创建遮罩层，遮罩层其实是由普通图层转化的。只要在某个图层上右击，在弹出的菜单中选中"遮罩层"选项，该图层就会生成遮罩层，层图标就会从普通层图标 变为遮罩层图标 ，系统会自动把遮罩层下面的一层关联为"被遮罩层"，在缩进的同时图标变为 ，如果想关联更多被遮罩层，只要把这些层拖到"遮罩层"下面即可，如图 1-44 所示。

图 1-44 多层遮罩动画

（2）构成遮罩层和被遮罩层的元素

遮罩层中的图形对象在播放时是看不到的，遮罩层中的内容可以是按钮、影片剪辑、图形、位图、文字等，但不能使用线条，如果一定要用线条，可以将线条转化为"填充"。

被遮罩层中的对象只能透过遮罩层中的对象被看到。在被遮罩层，可以使用按钮、影片剪辑、图形、位图、文字和线条。

（3）遮罩中可以使用的动画形式

可以在遮罩层、被遮罩层中分别或同时使用形状补间动画、动作补间动画、引导线动画等动画手段，从而使遮罩动画变成一个可以施展无限想象力的创作空间。

2. 遮罩动画的概念

（1）遮罩

遮罩动画是 Flash 中的一个很重要的动画类型，很多效果丰富的动画都是通过遮罩动画来完成的。在 Flash 的图层中有一个遮罩图层类型，为了得到特殊的显示效果，可以在遮罩层上创建一个任意形状的"视窗"，遮罩层下方的对象可以通过该"视窗"显示出来,而"视窗"之外的对象将不会显示。

(2)遮罩的作用

在 Flash 动画中,"遮罩"主要有两种用途:一是用在整个场景或一个特定区域,使场景外的对象或特定区域外的对象不可见;二是用来遮罩住某一元件的一部分,从而实现一些特殊的效果。

1.4.3　拓展训练——制作百叶窗效果

利用遮罩功能,用一张图片做背景,使另外一张图片产生百叶窗的效果。变化过程如图 1-45 所示。

1. 创建动画背景

① 新建一个影片文档。

② 导入背景图片。执行菜单"文件"→"导入"→"导入到库"命令,弹出"导入到库"对话框,按住 Ctrl 键,分别单击要导入的图片,将它们选中,单击"打开"按钮,将图片导入到"库"中。

2. 创建元件

(1)创建"叶片"元件

① 执行"插入"→"新建元件"命令,弹出"创建新元件"对话框,输入名称为"叶片",选择类型为影片剪辑,如图 1-46 所示。

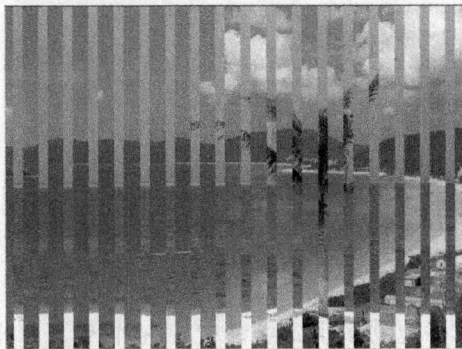

图 1-45　百叶窗的变化过程

图 1-46　创建新元件对话框

② 选择"矩形工具",笔触颜色设为无色,填充色设为黑色,在场景中央绘制出一个大小为 27×300 的矩形。第 1 帧垂直中齐、水平中齐后的图形如图 1-47 所示。在第 30、40、70 帧处分别插入关键帧,第 30、40 帧处,选中矩形,通过"属性"面板设置其大小为 1×300,设置对齐属性(垂直中齐、水平中齐)后的图形如图 1-48 所示。

③ 为了让百叶窗变化的过程中有停顿的效果,在第 31 帧处插入空白关键帧。第 1 帧和第 40 帧处分别创建形状补间动画,创建后时间轴如图 1-49 所示。

至此,"叶片"元件制作完成。

图 1-47　第 1 帧中对齐后的图形　　　　图 1-48　第 30、40 帧中对齐后的图形

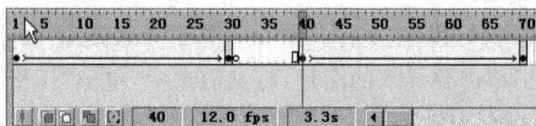

图 1-49　创建形状补间动画

（2）创建"百叶窗"元件

执行"插入"→"新建元件"命令，弹出"创建新元件"对话框，输入名称为"百叶窗"，选择类型为影片剪辑，如图 1-50 所示。

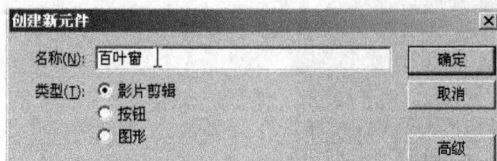

图 1-50　创建新元件对话框

设置完成后单击"确定"按钮，进入新元件编辑场景。

打开"库"面板，从"库"中将名为"叶片"的元件拖动多个到场景中，使它们恰好水平衔接在一起，按 Ctrl＋A 组合键，将拖入的实例全部选中，打开"对齐"面板，单击"相对于舞台"按钮 ⬚，使它处于没有被按下的状态 ⬚，单击"垂直中齐"按钮，将所有对象摆放整齐，如图 1-51 所示。

3. 创建动画

最后来布置主场景。

（1）创建图层

单击"时间轴"左上角的"场景 1"按钮，回到主场景 1 中。单击"插入图层"按钮 ⬚两次，新增两个图层，分别双击图层的名称，从上到下分别命名为"遮罩"、"图 2"、"图 1"，如图 1-52 所示。

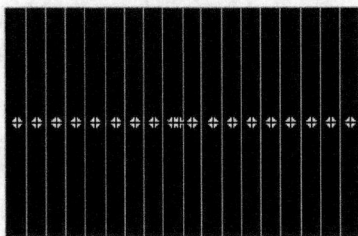

图 1-51 对齐后的实例

图 1-52 创建图层

(2) 制作图层"图 1"

打开"库"面板,选中图层"图 1",拖动"库"中的图片 1 到场景中。打开"属性"面板,设置图片相应属性:宽 550、高 400,X、Y 坐标均为 0,如图 1-53 所示。

(3) 制作图层"图 2"

选中图层"图 2",拖动"库"中的图片 2 到场景中。打开"属性"面板,设置图片相应属性:宽 550、高 400,X、Y 坐标均为 0,如图 1-54 所示。

图 1-53 创建图层"图 1"

图 1-54 创建图层"图 2"

(4) 制作图层"遮罩"

选中"遮罩"图层,拖动"库"中的"百叶窗"元件到场景中。打开"属性"面板,设置图片相应属性:宽 550、高 400,X、Y 坐标均为 0,如图 1-55 所示。

(5) 创建遮罩层

右击"遮罩"图层,在弹出的菜单中选择"遮罩层"选项,设置后的效果如图 1-56 所示。

设置"遮罩"层为图层"图 2"的遮罩层,这一层的作用是用动态的影片剪辑做遮罩元素,使"图 2"、"图 1"图层上的图片内容轮番出现,实现百叶窗效果。至此,动画制作完成,按 Ctrl+Enter 组合键可以测试效果。

图 1-55 创建图层"遮罩"

图 1-56 设置"遮罩层"后的效果

1.5 运动引导层动画

引导层动画是 Flash 中比较有代表性的一种动画模式。对象可以根据用户设计好的路线运动。

1.5.1 制作一个引导层动画

制作一个绕动的球动画,效果如图 1-57 所示。

制作绕动的球的操作步骤如下。

1. 创建影片文档

执行"文件"→"新建"命令,在弹出的对话框中选择"常规"→"Flash 文档"选项后,单击"确定"按钮,新建一个影片文档。

图 1-57 "绕动的球"效果图

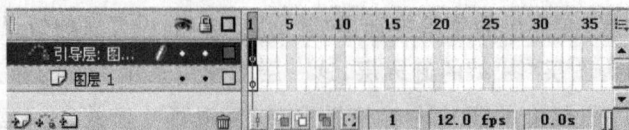

2. 创建图形元件

创建图形元件,并将其命名为"小球"。

3. 新建引导层

① 在"时间轴"面板中单击"添加运动引导层"按钮 ,新建引导层,如图 1-58 所示。

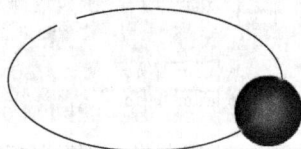

图 1-58 新建引导层

② 使用"椭圆工具"在引导层中绘制圆形运动轨迹,如图 1-59 所示。

③ 使用"橡皮擦工具"将圆形轨迹擦除一小块,如图1-60所示。

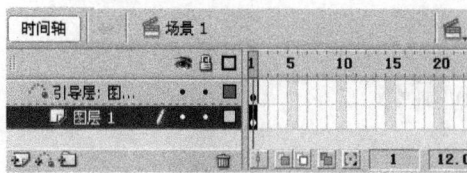

图1-59　在引导层中绘制圆形　　　　　图1-60　擦除一小块圆形轨迹

4. 创建引导层动画

① 打开"库"面板,将"库"中的"小球"元件拖放至图层1的第1帧,并将元件的十字中心对准圆形轨迹的缺口点,如图1-61所示。

② 右击选中两个图层的第20帧,在下拉菜单中执行"插入关键帧"命令。将该关键帧中的小球移至圆形轨迹的另一个端点,如图1-62所示。

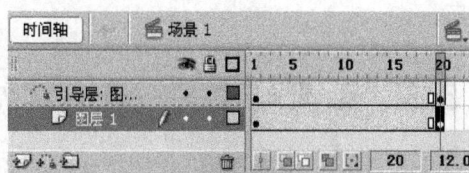

图1-61　将"小球"拖放至图层1第1帧　　　图1-62　第20帧中"小球"的位置

③ 单击图层1中的第1帧,在"属性"面板中将其补间选择为"动画"选项,如图1-63所示。

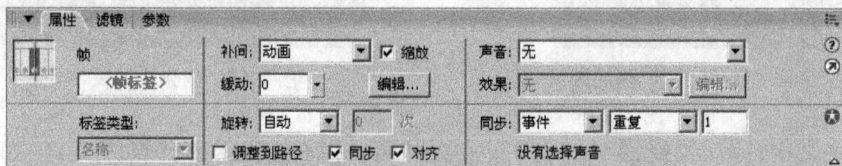

图1-63　设置动作补间动画

5. 测试动画并存盘

1.5.2　知识讲解

1. 引导线与引导层

有时动画的对象需要沿着一定的路线移动,这时我们就要预先设定好运动路线。在

Flash 8 中路线被称为引导线,引导线所在的图层被称为引导层。

2. 引导线动画

将一个或多个图层链接到一个运动引导层,使一个或多个对象沿同一条路径运动,这种动画形式就叫"引导线动画"。它可以使一个或多个元件完成曲线运动或不规则运动。

3. 引导线与引导层的作用

一个最基本的引导线动画由两个图层组成:上面一层称为"引导层",它的图层图标为 ；下面一层称为"被引导层",图层图标与普通图标一样为 。在普通图层上面创建"引导层"后,普通图层就会缩进成为"被引导层"。

"引导层"用来放置引导线。引导线也就是元件的运动路径,可以使用铅笔、线条、椭圆和画笔等绘图工具进行绘制。

"被引导层"用来放置被引导的元件,当创建运动动画后,元件就会沿着引导线运动起来。

1.5.3 拓展训练——旋转文字的制作

利用引导线,制作一个让文字环形运动的动画,如图 1-64 所示。

① 新建文件,大小可根据自己的需要设置。画布颜色为♯666666,帧频为 24fps。

② 在场景中输入文字(这便是将来要环绕排列的文字),如图 1-65 所示。

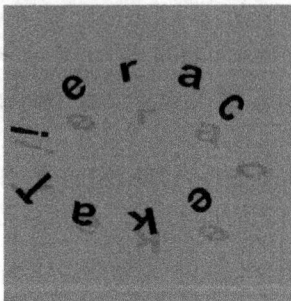

图 1-64 "旋转文字"瞬间效果

图 1-65 场景中的文字

③ 将文字打散(快捷键 Ctrl+B),一次即可,并将文字逐个转换为实例,如图 1-66 所示。

④ 将主场景中的内容删除,只保留"T"(可保留任意一个字母,目的是要用它作动画)。

⑤ 为图层 1 新建引导层。在引导层上绘制一个圆(这个圆就是将来文字所环绕的那个圆,注意大小),去除填充色,留下边框,如图 1-67 所示。接下来首先要让"R"

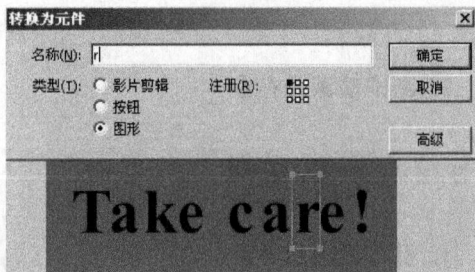

图 1-66 文字转换为元件

沿这个圆形作运动,所以在圆的上顶点(一定是上顶点)用橡皮擦(笔头最小)擦出一个缺口。

⑥ 创建运动引导线动画。此时一定要计算一下用多少帧做完这个引导线动画。如果旋转文字一共有 9 个(包括空格),那就要创建 10 帧的动画。刚才输入的文字有 10 个,那么就创建 11 帧的动画(一定要计算空格,结尾处最好也要有一个空格,因为文字最终是环形的,所以开头和结尾要隔开)。图层 1 创建动画补间,并且"属性"面板一定要勾选调整到路径选项。将第一帧的文字吸附到引导线缺口的右侧,如图 1-68 所示;将最后一帧的文字吸附到引导线缺口的左侧。

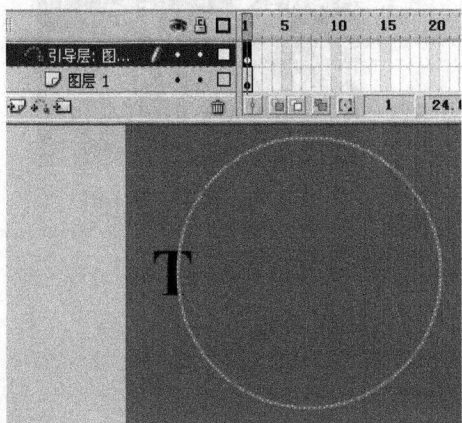

图 1-67　添加引导线

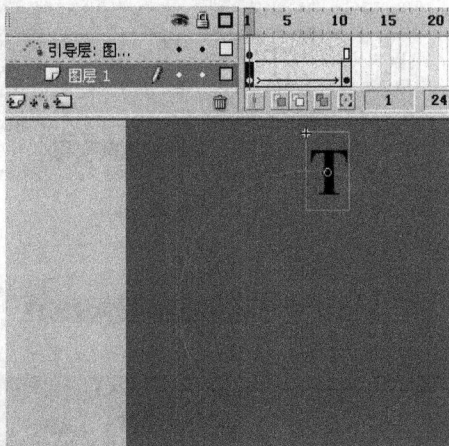

图 1-68　图层 1 第 1 帧

⑦ 在图层 1 的这个动画上创建关键帧(快捷键 F6),然后右击该图层,选择"删除补间"选项,取消所有的动画,如图 1-69 所示。

⑧ 替换实例。分别在不同的帧上把实例进行替换。该空格的地方把实例删除即可,把第 11 帧删除掉,如图 1-70 所示。

⑨ 将不同帧上的文字全部原位粘贴到第一帧(快捷键 Ctrl+Shift+V),如图 1-71所示。

⑩ 删除引导线和多余的帧,选中所有的文字,按 F8 键,创建一个实例"group",如图 1-72 所示。

图 1-69　取消图层 1 的所有动画

⑪ 按 Ctrl+F8 组合键创建一个影片剪辑,按 Ctrl+L 组合键将"库"打开,把"group"拖入影片剪辑,在影片剪辑的第 300 帧位置创建关键帧,创建补间动画,在"属性"面板里调节旋转为逆时针 1 次。再将影片剪辑拖入主场景,进行变形。新建图层,置于图层 1之下。新图层里也放一个影片剪辑,进行调节。

还可以依个人喜好再加一些修饰,到此为止整个动画完成,按 Ctrl+Enter 组合键可以测试影片。

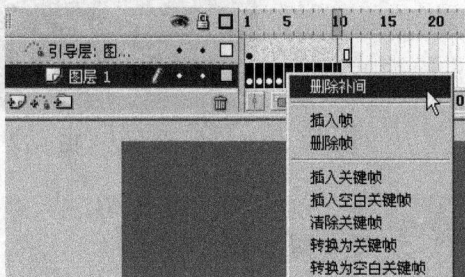

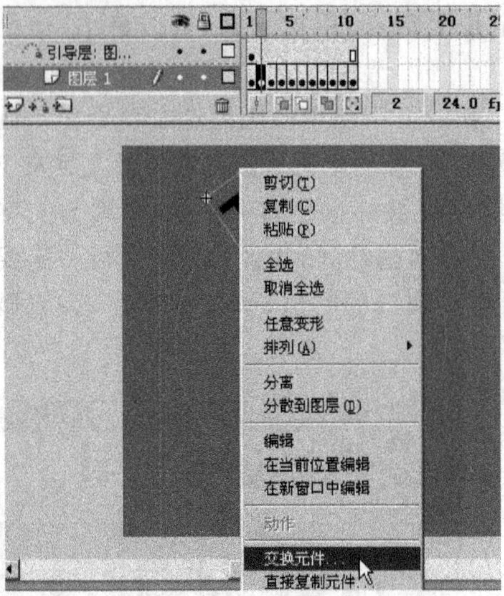

图 1-70 交换元件

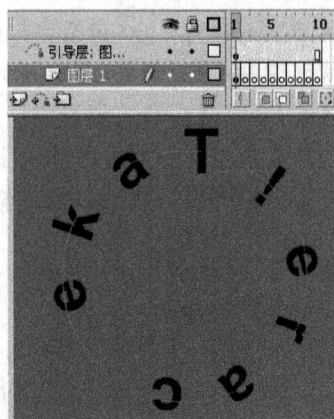

图 1-71 图层 1 第 1 帧

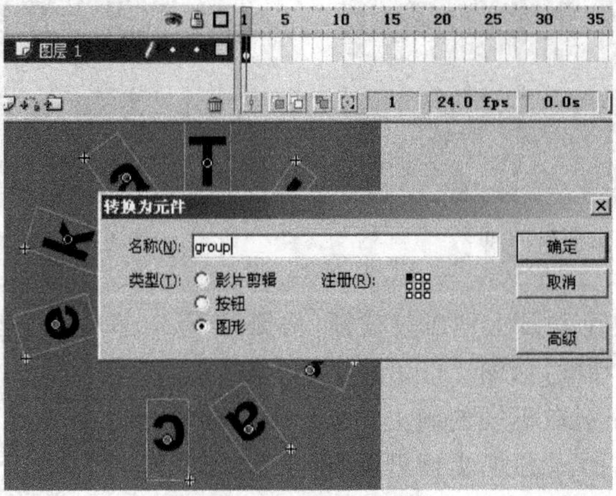

图 1-72 创建实例

提个醒

这里所用的这种方法,不仅可以做环形,用引导线画出来的各种形状都可以用这种方法让文字去适配。

本章小结

通过本章的学习,可以初步了解 Flash 动画的特点、Flash 动画的应用领域,熟悉 Flash 8 的基本工作环境与基本概念;可以掌握文档的基本操作、动画场景的基本设置,这些操作对今后提高工作效率有很大的帮助;可以通过简单动画的制作,掌握 Flash 8 制作动画的基本步骤。基本步骤如下。

① 创建一个 Flash 文档,保存时它的文件扩展名为.fla。

② 在时间轴上的每一帧创建不同的动画内容。

③ 拖动播放指针,Flash 便依次从第一帧的内容开始播放,直到显示完最后一帧的内容,整个过程就是 Flash 动画的播放过程。

④ 在动画创建完成后按 Ctrl+Enter 组合键用 Flash 8 自带的 Flash Player 8 软件来播放创建的动画,并自动生成一个扩展名为.swf 的文件。

⑤ 动画初步制作完成后,并不一定就能达到预想的效果,这时需要对动画进行调试。

⑥ 存储、输出与发布 Flash 作品。

本 章 练 习

一、简答题

1. Flash 动画具有哪些特点?

2. Flash 动画制作的基本步骤是什么?

3. 简述 Flash 8 中各菜单的基本作用。

4. 简述逐帧动画的特点及制作方法。

5. 简述渐变动画的特点及制作方法。

6. 简述引导线动画的特点及制作方法。

7. 简述遮罩动画的特点及制作方法。

8. Flash 文档相关的文件类型有哪些?

二、上机实训

1. 模仿引导线动画的制作方法,设计并制作小蜜蜂围绕花儿飞舞的动画,效果如图 1-73 所示。

提示:(1) 绘制"蜜蜂"元件。

(2) 在场景中设置 3 层,从上至下的图层名称依次为"引导线"、"蜜蜂"和"花"。

2. 制作"弹力球"动作补间动画。

提示:(1) 制作过程中,根据动作补间动画要求,绘制球之前要选中"对象绘制"选项,或者绘制好之后进行组合。

(2) 注意球向上弹时设置负的加速度,向下落时设置正的加速度。

图 1-73 小蜜蜂围绕花儿飞舞的效果图

(3) 落至地面的一瞬间,球被挤压,思考如何制作这种效果。

Flash 8 与矢量绘图

1. 位图与矢量图的特点
2. "线条工具"、"滴管工具"、"墨水瓶工具"、"选择工具"、"刷子工具"、"任意变形工具"、"颜料桶工具"等的基本用法
3. 矢量图形原件的保存

2.1 绘制一棵可爱的小树

什么是矢量绘图？ Flash 8 与矢量绘图有什么联系？ 这是很多初学者想弄明白的问题。

矢量绘图是动画设计的必修课，所以，它的重要性也是毋庸置疑的。通常不会把 Flash 中的人物绘制得非常复杂，一方面是因为 Flash 在绘画方面的功能有限；另一方面也因为这样会增加作品的体积。所以，绘制简单大方的矢量图，是应用 Flash 8 进行动画制作的首选。

矢量绘图软件种类很多，如 Photoshop，Freehand 等。但 Flash 却可集矢量绘图与矢量动画制作于一身，加上可对音频作简单处理，因此成为较为流行的一款矢量动画制作软件。

2.1.1 作品展示

综合使用 Flash 8 的"线条工具"、"滴管工具"、"墨水瓶工具"、"选择工具"、"刷子工具"、"任意变形工具"、"颜料桶工具"等工具设计制作如图 2-1 所示的形象生动的小树。

Flash 8 提供了各种工具用来绘制自由形状或准确的线条、形状和路径，并可为对象上色，Flash 的工具箱如图 2-2 所示。

图 2-1　小树　　　　　　　　　　　　图 2-2　工具箱

在本节中,将学习"线条工具"、"滴管工具"、"墨水瓶工具"、"选择工具"、"刷子工具"、"任意变形工具"、"颜料桶工具"等的基本用法。

2.1.2　制作思路与过程

本例的制作重点有两个。一是树叶的绘制,二是树枝的绘制。这二者看来相似,却要使用不同的工具和技巧。

树叶的绘制主要运用"线条工具" ⁄ 、"选择工具" ▸ 、"颜料桶工具" ⬥ 、"任意变形工具" ⊡ 等;树枝的绘制主要运用"刷子工具" ✐ 和"任意变形工具" ⊡ 等。此外,在制作过程中还要应用"组合"命令对所绘对象进行组合。尤其要注意将对象转化为元件,以便在"库"面板中进行保存和调用,这样,既可减小文件的体积,又可提高制作效率。

操作步骤如下。

1. 绘制一片树叶

执行"文件"→"新建"菜单命令,打开"新建文档"对话框,在"类型"中选择"Flash 文档"选项,单击"确定"按钮,建立一个新的 Flash 文档。在此不改变文档的属性,直接使用其默认值。

(1) 新建图形元件

执行"插入"→"新建元件"菜单命令,或者按 Ctrl＋F8 组合键,打开"创建新元件"对话框,在"名称"文本框中输入元件名称为"树叶",如图 2-3 所示。选择"类型"为"图形"单选项,单击"确定"按钮。这时工作区变为"树叶"元件的编辑状态,如图 2-4 所示。

(2) 绘制树叶图形

① 在"树叶"图形元件编辑场景中,使用"线条工具"在场景中绘制一条直线,设置"笔

图 2-3　新建"树叶"图形元件

图 2-4　"树叶"图形元件的编辑状态

触颜色"为深绿色,如图 2-5 所示。

②　用"选择工具"或在选择"线条工具"状态下按住 Alt 键,将它拉成曲线,如图 2-6 所示。

图 2-5　使用线条工具画直线

图 2-6　将直线拉成曲线

③　用"线条工具"再绘制一个直线,如图 2-7 所示。

④　用"选择工具"将这条直线也拉成曲线,如图 2-8 所示。

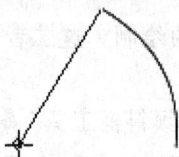

图 2-7　绘制另一条直线

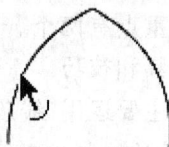

图 2-8　将另一条直线拉成曲线

⑤　用这种方法,绘制出整片树叶的形状,如图 2-9 所示。

⑥　一片树叶的基本形状已经绘制出来了,现在来绘制叶脉,先在两端点间绘制直线,然后拉成曲线,如图 2-10 所示。

图 2-9　绘制树叶形状

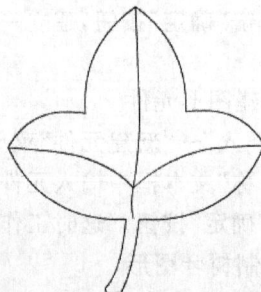

图 2-10　把主叶脉拉成曲线

⑦ 再画旁边的细小叶脉,可以用直线,也可以将直线略弯曲。这样,一片简单的树叶绘制完成,如图 2-11 所示。

（3）编辑和修改树叶

如果在绘制树叶的时候出现错误,比如画出的叶脉不是所希望的样子,可以执行"编辑"→"撤销"菜单命令(快捷键为 Ctrl＋Z),撤销前面一步的操作;也可以用"选择工具"单击想要删除的直线,被单击后的直线呈现网点状,说明它已经处于被选择状态,此时可以对它进行各种修改,如图 2-12 所示。

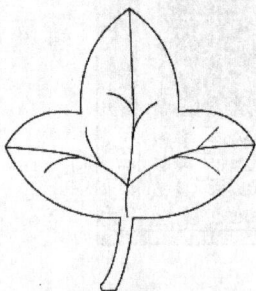

图 2-11　绘制树叶小叶脉　　　　　　　　　　图 2-12　修改线条

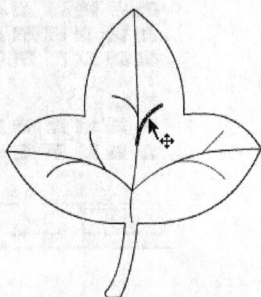

如果需要移动选中的线条,可以使用鼠标拖动;如果需要删除线条,选中线条,按 Del 键。按住 Shift 键的同时连续单击线条,可以同时选取多个对象;也可以用"选择工具"框选对象,被框选起来的对象将都被选中。如果要选取全部的线条,按 Ctrl＋A 组合键,就可以将其全部选中,如图 2-13 所示。

在一条直线上双击,可以将和这条直线相连并且颜色、粗细、样式相同的整个线条范围全部选中。

（4）给树叶上色

树叶的枝干完成后,需要给这片树叶填上颜色。填充颜色的工作需要使用工具箱中的"颜色"选项,如图 2-14 所示。

① 单击"填充色"按钮 ，打开"颜色"调色板,同时鼠标指针变成吸管状,如图 2-15 所示。

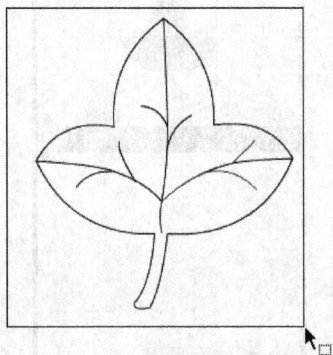

图 2-13　全部选中树叶　　　　图 2-14　颜色选项　　　　图 2-15　调色板

除了可以选择调色板中的颜色外,还可以点选屏幕上任何地方,吸取所需要的颜色。

② 如果觉得调色板的颜色太少,那么单击调色板右上角的"颜色选择器"按钮 ,此时会打开一个"颜色"对话框,其中有更多的颜色选项,可以把选择的颜色添加到自定义颜色中,如图 2-16 所示。

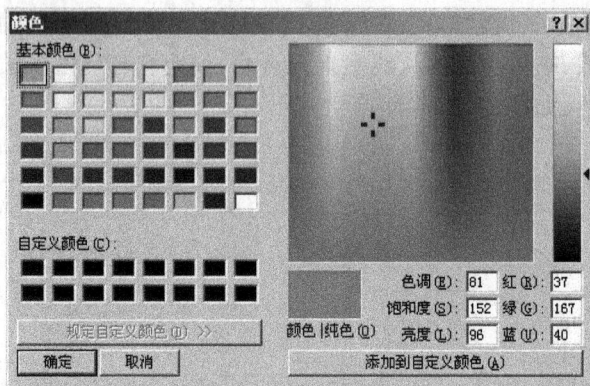

图 2-16 "颜色"对话框

③ 在"自定义颜色"选项下单击一个自定义色块,该色块会被虚线包围,在"颜色"对话框右边选择喜欢的颜色,上下拖动右边颜色条上的箭头,拖动鼠标指针到需要的颜色上,单击"添加到自定义颜色"按钮,这种颜色就被收藏起来了。下一次要使用时,打开"颜色"对话框,在"自定义颜色"中可以方便地选取中意的颜色。

④ 在调色板上选取红色,选择工具箱中的"颜料桶工具" ,在画好的叶子上单击一下,效果如图 2-17 所示。

"颜料桶工具" 能在一个封闭的区域中填色,逐块地给叶片填上颜色,填充完的效果如图 2-18 所示。

至此,树叶图形绘制完成。执行"窗口"→"库"菜单命令,打开"库"面板,可以看见"库"面板中出现一个名称为"树叶"的图形元件,如图 2-19 所示。

图 2-17 填充区域颜色　　　图 2-18 填充颜色完毕　　　图 2-19 "库"面板中的"树叶"图形元件

![提个醒图标] 提个醒

　　"库"面板是存储 Flash 元件的场所,所创建的元件对象及从外部导入的图像、声音等对象都保存在这里,这里的元件可以拖放到场景中重复使用。

2. 制作多片树叶组合

　　如果用多片这样一模一样的树叶组成树枝,会很不美观。Flash 8 提供了一个很好的工具——"任意变形工具" ![图标] 。利用"任意变形工具"可以将前面绘制的树叶改变成需要的形状。

　　"任意变形工具"可以旋转缩放元件,也可以对图形对象进行扭曲、封套变形。选中"树叶",在工具箱中选择"任意变形工具",工具箱的下边会出现相应的"选项"选项,如图 2-20 所示。

　　说明:"任意变形工具"的"选项"中共包括 5 个按钮,从上向下依次是:"对齐对象" ![图标] 、"旋转与倾斜" ![图标] 、"缩放" ![图标] 、"扭曲" ![图标] 和"封套" ![图标] ,当选择了"任意变形工具"后,"选项"中的按钮并不是马上都被激活,除了"对齐对象"按钮,其他按钮都是灰色显示,只有在场景中选择了具体的对象以后,其他 4 个按钮才变成可用状态。

图 2-20　"选项"面板

　　(1) 旋转树叶

　　① 选择"任意变形工具"后,单击舞台上的树叶,这时树叶被一个方框包围着,中间有一个小圆圈,这是变形点,当进行缩放旋转时,以它为中心,如图 2-21 所示。

　　② 变形点是可以移动的。将鼠标指针移近它,指针右下角会出现一个圆圈,按住鼠标拖动,将变形点拖到叶柄处,便于树叶绕叶柄进行旋转,如图 2-22 和图 2-23 所示。

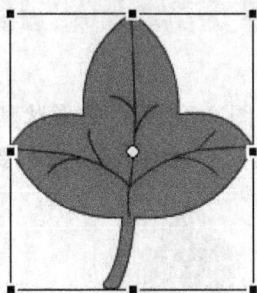

| 图 2-21　使用任意变形工具 | 图 2-22　选择变形点 | 图 2-23　移动变形点 |

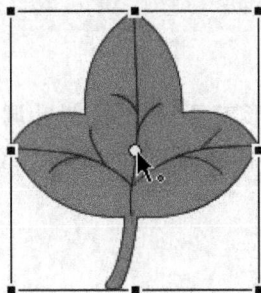

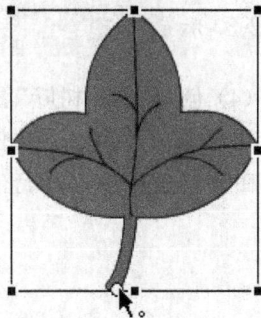

　　③ 将鼠标指针移动到方框的右上角,鼠标指针变成旋转圆弧状 ![图标] ,表示这时就可以进行旋转了。向下拖动鼠标,叶子绕变形点旋转,到合适位置时松开鼠标,效果如图 2-24 所示。

　　(2) 复制树叶

　　用"选择工具"选中树叶图形,执行"编辑"→"复制"菜单命令,再执行"编辑"→"粘贴

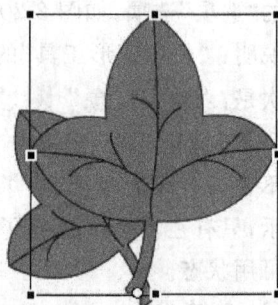

图 2-24　旋转树叶

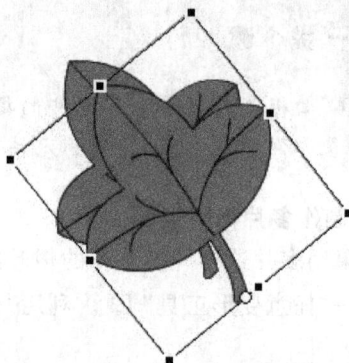

图 2-25　复制树叶

到中心位置"菜单命令,这样就复制出了一片树叶,如图 2-25 所示。

(3) 变形树叶

将粘贴好的树叶拖到旁边,再用"任意变形工具"进行旋转。使用"任意变形工具"时,也可以像使用"选择工具"一样移动树叶的位置。

拖动任一角上的缩放手柄,可以将对象放大或缩小;拖动中间的手柄,可以在垂直和水平方向上放大缩小,甚至翻转对象。将树叶适当变形,如图 2-26 所示。

图 2-26　将复制的树叶旋转变形

提个醒

"任意变形工具"的各项功能也可以执行"修改"→"变形"菜单中的命令来实现,如图 2-27 所示。

(4) 创建"三片树叶"图形元件

再复制一片树叶,用"任意变形工具"将三片树叶调整成如图 2-28 所示的形状和位置。在调整过程中,当调整效果不满意时,也许树叶已经不再处于被选中状态,有时要重

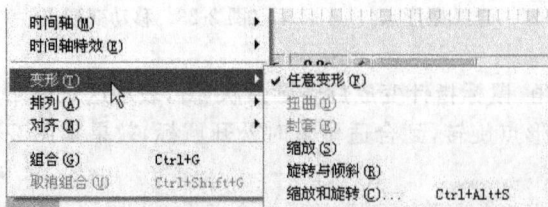

图 2-27　任意变形命令

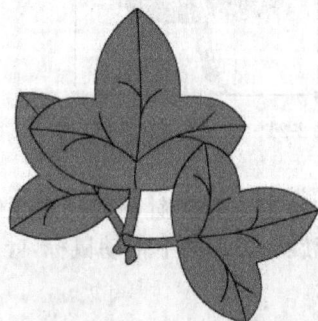

图 2-28　三片树叶效果图

新选取整片树叶很困难,可以重复使用"撤销"命令,以恢复选中状态。当然也可以先新建图层,然后把每片树叶存放到相应的图层中,这样能更方便树叶的选取。

如图 2-28 所示的三片树叶图形创建好以后,将它们全部选中,然后执行"修改"→"转换为元件"菜单命令(快捷键为 F8),将它们转换为以"三片树叶"为名的图形元件。

3. 绘制树枝

以上的绘图操作都是在"树叶"场景中编辑完成的,现在返回到主场景——场景 1,在"时间轴"面板的右上角有一个"场景 1"按钮,如图 2-29 所示,单击它就切换到了场景 1。

单击"刷子工具" ✏️ ,选择一种填充色,在工具箱下边的"选项"中,选择"刷子形状"为圆形,"刷子大小"自定,单击 🔾 按钮,选择"后面绘画"选项,移动鼠标指针到场景中,画出树枝形状,如图 2-30 所示。

图 2-29 切换到场景 1

图 2-30 绘制树枝

4. 组合树叶和树枝

① 执行"窗口"→"库"菜单命令(快捷键为 Ctrl+L),打开"库"面板,可以看到"库"面板中有两个刚制作完成的图形元件,分别为"树叶"和"三片树叶",如图 2-31 所示。

② 单击"三片树叶"图形元件,将其拖放到场景的树枝图形上,用"任意变形工具"进行调整。"库"中的元件可以重复使用,只要改变它的大小和方向,就能制作出纷繁复杂的效果来,如图 2-32 所示。

图 2-31 "库"面板中的图形元件

图 2-32 小树的效果图

2.2 知识讲解—Flash 8 与矢量绘图

2.2.1 Flash 中的图形格式

1. 位图与矢量图的基本概念

位图图像,也称为点阵图像或绘制图像,是由像素(图片元素)的单个点组成的。这些点可以进行不同的排列和染色以构成图样。当放大位图时,可以看见构成整个图像的无数个方块。扩大位图尺寸的效果是增多单个像素,从而使线条和形状显得参差不齐。然而,如果从稍远的位置观看它,位图图像的颜色和形状又是连续的。由于每一个像素都是单独染色的,因此可以通过以每次一个像素的频率操作选择区域而产生近似照片的逼真效果,诸如加深阴影和加重颜色。缩小位图尺寸也会使原图变形,因为此举是通过减少像素来使整个图像变小的。同样,由于位图图像是以排列的像素集合体形式创建的,因此不能单独操作(如移动)局部位图。

矢量图像,也称为面向对象的图像或绘图图像,在数学上定义为一系列由线连接的点。矢量文件中的图形元素称为对象。每个对象都是一个自成一体的实体,它具有颜色、形状、轮廓、大小和屏幕位置等属性。既然每个对象都是一个自成一体的实体,就可以在维持它原有清晰度和弯曲度的同时,多次移动和改变它的属性,而不会影响图例中的其他对象。这些特征使基于矢量的程序特别适用于图例和三维建模,因为它们通常要求能创建和操作单个对象。基于矢量的绘图同分辨率无关。这意味着它们可以按最高分辨率显示到输出设备上。

2. 位图与矢量图的对比

位图与矢量图的对比见下表。

位图与矢量图的对比表

类　　型	概　　念	优　　点	缺　　点
位图图像	使用像素表现图像	精致、真实地表达颜色和阴影。图像美观、真实	无法制作真正的 3D 图像,图像在缩放和旋转时会产生失真现象,文件较大
矢量图形	使用数学方法精确描述图像	文件小,很容易进行缩放、旋转,并不失真。可以制作 3D 图像	无法精确表现颜色层次,图形不逼真

位图与矢量图在缩放时的区别如图 2-33 所示。

100% 矢量图 ──────────────► 放大到 800%的效果

100% 位图 ──────────────► 放大到 800%的效果

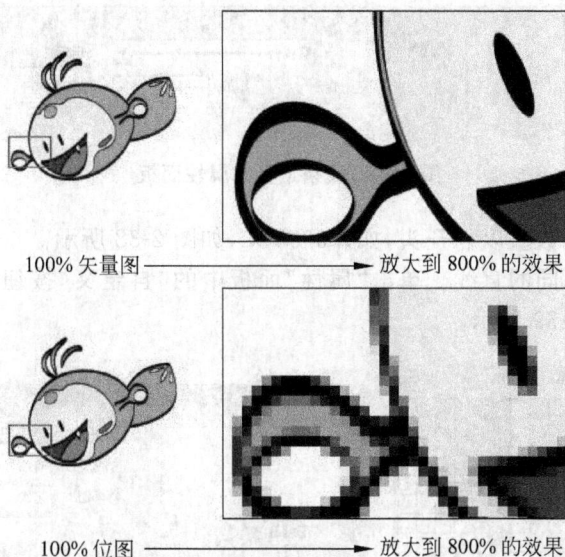

图 2-33　位图与矢量图缩放的区别

2.2.2　关键技法

　　线条的绘制与处理是矢量绘图的关键技法。

　　"线条工具"是 Flash 8 中最简单的工具。单击"线条工具" ，移动鼠标指针到舞台上，按住鼠标并拖动，松开鼠标，一条直线就绘制完成，如图 2-34 所示。

图 2-34　用线条工具画直线

　　应用"线条工具"画出直线，按住 Shift 键同时拖动鼠标，则可以画出水平、垂直或倾斜 45°的直线。

　　如果需要更改线条的方向和长短，可以用"选择工具" 来实现。

　　"选择工具"的作用是选择对象、移动对象、改变线条或对象轮廓的形状。在工具箱中选择"选择工具"选项，然后移动鼠标指针到直线的端点处，指针右下角变成直角状 ，这时拖动鼠标可以改变线条的方向和长短，如图 2-35 所示。

　　将鼠标指针移动到线条上，指针右下角会变成弧线状 ，拖动鼠标，可以将直线变成曲线。这是一个很实用的功能，它可以画出所需要的各种曲线形状，如图 2-36 所示。

图 2-35　用选择工具改变直线端点

图 2-36　用选择工具将直线变成曲线

　　用"线条工具"能画出许多风格各异的线条来。打开"属性"面板，可以在其中定义直线的颜色、粗细和样式，如图 2-37 所示。

　　在如图 2-37 所示的"属性"面板中，单击其中的"笔触颜色"按钮 ，会打开一个调色板，此时鼠标指针变成滴管状。用滴管直接汲取颜色或者在文本框里直接输入颜色的

图 2-37　线条工具的属性面板

16 进制数值，16 进制数值以＃开头，如＃6633CC，如图 2-38 所示。

　　现在来画各种不同的直线。单击"属性"面板中的"自定义"按钮，会弹出一个"笔触样式"对话框，如图 2-39 所示。

图 2-38　线条工具的调色板

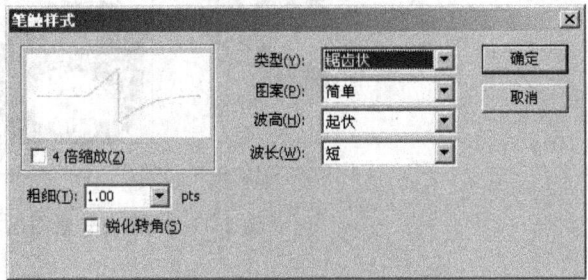

图 2-39　"笔触样式"对话框

　　为了方便观察，把"粗细"设置为 4pts，在"类型"下拉列表框中选择不同的线型和颜色，设置完后单击"确定"按钮，设置不同笔触样式后画出的线条如图 2-40 所示。

　　"滴管工具" ✎ 和"墨水瓶工具" ✪ 可以很快地将一条直线的颜色样式套用到别的线条上。用"滴管工具"单击上面的直线，"属性"面板显示的就是该直线的属性，此时，所选工具自动变成了"墨水瓶工具"，如图 2-41 所示。

图 2-40　笔触样式的不同类型

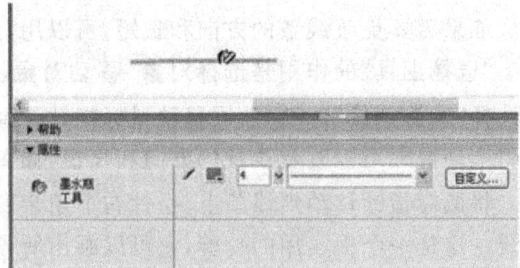

图 2-41　使用滴管工具和墨水瓶工具套用颜色样式

　　使用"墨水瓶工具" ✪ 单击其他样式的线条，可以看到，所单击线条的属性都变成了当前在"属性"面板中所设置的属性了。

2.2.3　素材的准备

　　在 Flash 8 中绘制矢量图看似简单，但并不是能够一蹴而就的。素材的准备在这里就显得尤为重要。

1．构思

首先需要对将要绘制的图形有一个具体的认识。这个过程好比语文作文中的构思。没有好的创作思路,直接用各种绘图工具天马行空地信手涂抹,是不会做出好作品的。

2．底稿的准备

有了创作思路后,需要进行手工绘制底稿(当然,这需要一定的绘画基础),然后根据底稿在 Flash 舞台上用各种绘图工具进行绘制,或者将手工绘制的底稿经扫描仪扫描后输入电脑,用"线条工具"进行描边处理;如果绘画基础较弱,无法进行底稿的创作,也可在网络上进行相关主题的搜索,将搜索到的合适图片作为底稿来进行进一步的矢量图形的绘制。

值得一提的是,对于位图图片,Flash 8 提供了将之直接转换成矢量图形的功能,虽然在转换过程中,原图色彩细节大量丢失,但仍不失为一个快速创建矢量图形、提高作图效率的好方法。

2.2.4　制作流程

使用 Flash 8 绘制矢量图是原创 Flash 的基础,所绘制的矢量图可以作为 Flash 动画中的元素,Flash 动画的背景等。在日常制作 Flash 动画时,很多绘图并不是在计算机中完成的,而是手工绘制之后,再扫描到计算机中进行处理,下面以绘制卡通人物矢量图为例,说明矢量图形的制作流程。

1．矢量绘图的基本流程

① 用铅笔在稿纸上绘制卡通人物的轮廓,如图 2-42 所示。

② 将底稿扫描进电脑后,导入到 Flash 舞台,用"线条工具"   对卡通人物进行描边,如图 2-43 所示。

图 2-42　铅笔绘制卡通人物外观　　　　　　　　　图 2-43　描边

③ 描边完成后的效果如图 2-44 所示。

④ 将人物进行简单上色,如图 2-45 所示。

⑤ 在 Flash 舞台中对照底稿,应用"线条工具"、"滴管工具"、"墨水瓶工具"、"选择工具"、"刷子工具"、"任意变形工具"、"颜料桶工具"等进行绘图。也可将底稿扫描为位图图片,再将之导入 Flash 进行描边、填充等处理,最终效果如图 2-46 所示。

图 2-44　描边效果图　　　　图 2-45　上色　　　　图 2-46　最终效果图

提个醒

底稿也可从网络或其他图片素材光盘上下载。

2. 将位图转换为矢量图

位图是比较常见的图形格式,位图文件也比较容易获得,Flash 中广泛使用的矢量图可以由位图文件转换而来。转换方法如下。

(1) 在 Flash 中打开图片文件

新建一个 Flash 文档,执行"文件"→"导入"→"导入到舞台"菜单命令,在"导入"对话框中选择要导入的位图文件,效果如图 2-47 所示。

图 2-47　导入位图

（2）将位图转换为矢量图

选中舞台上的图片,执行"修改"→"位图"→"转换位图为矢量图"命令,打开"转换位图为矢量图"对话框,如图 2-48 所示。

在"转换位图为矢量图"对话框中,最上面的"颜色阈值"是指位图中相邻的两个像素进行比较后,如果它们在 RGB 颜色值上的差异低于该颜色阈值,则两个像素被认为是同一种颜色。可以输入一个介于 0 和 500 之间的整数值。如果增大了该阈值,则意味着降低了颜色的数量,输入的数值越小,转换后的颜色也就越多,但是转化的速度也就越慢。"最小区域"用于设置在指定像素颜色时要考虑的周围像素的数量。可以输入一个介于 1 和 1000 之间的整数值,数值越小效果也越清晰,但是转换的速度也越慢。"曲线拟合"在下拉列表中选择一个选项,用于确定图形轮廓的平滑程度。在"角阈值"中可选择一个选项,以确定是保留锐边还是进行平滑处理。

图 2-48　"转换位图为矢量图"
对话框设置 1

总之,使用的是较低设置结果更接近原始图像,文件相对来说也较大;使用较高设置图像较为扭曲,但是文件相对也较小。可以多尝试"转换位图为矢量图"对话框中的各种设置,找出文件大小和图像品质之间的最佳平衡点。设置"颜色阈值"为100,"最小区域"为8像素,单击"确定"按钮,效果如图 2-49 所示。

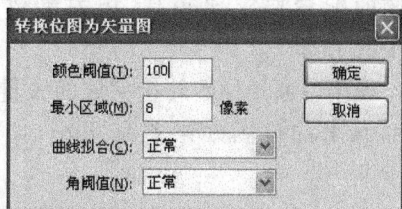

图 2-49　转换后的矢量图

提个醒

将位图转换为矢量图形后,矢量图形不再链接到"库"面板中的位图元件。如果导入的位图包含复杂的形状和许多颜色,则转换后的矢量图形的文件会比原来的位图文件大。

（3）创建最接近原始位图的矢量图形

要创建最接近原始位图的矢量图形，对电脑的配置要求比较高，相关参数设置如图 2-50 所示。

最接近原始位图转换完成的矢量图形效果和原来的位图效果差别很小，如图 2-51 所示。

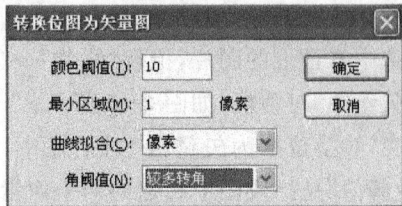

图 2-50 "转换位图为矢量图"对话框设置 2

图 2-51 转换后的矢量图

提个醒

没有特殊需要不建议采用这种设置，不仅需要花费数分钟才能完成，而且文件大小比原来的位图文件还大很多。

2.3 拓展训练——制作企业标志

2.3.1 作品展示

制作一个航运公司的企业标志，如图 2-52 所示。

航运公司的全称为"威尼科航运有限责任公司"。公司的标志为一个被抽象了的船帆，两根强有力的桅杆比喻公司拥有强大的经营力量，两片撑起的船帆比喻公司的业绩将一帆风顺。下方的英文单词为公司的英文名称。黄色为公司的传统色彩。

图 2-52 企业标志

2.3.2 制作要点提示

（1）标志的主体图形部分应用"线条工具"先画出边框，然后将之变形，制作出如图 2-53 的效果。

（2）选择"颜料桶工具"对标志进行填色，如图 2-54 所示。

图 2-53 制作边框　　　　　　　　　　图 2-54 填充颜色

（3）选择"文本工具"输入企业名称，企业标志制作完成，如图 2-52 所示。

本 章 小 结

本章通过一棵形象生动的小树的绘制作为实例讲解，介绍了 Flash 8 中矢量绘图的基本方法与基本流程及使用 Flash 8 进行矢量绘图时使用到的相关知识；通过一个企业标识绘制训练，拓展了知识。通过本章的学习，可以掌握使用 Flash 8 中的绘图工具进行简单的图形绘制技术与方法，加深对 Flash 8 应用领域的理解及矢量绘图基本技法的理解。

本 章 练 习

一、简答题

1．什么是位图？

2．什么是矢量图？

3．位图与矢量图的主要区别是什么？Flash 8 中主要使用的是位图还是矢量图？

4．"滴管工具"和"墨水瓶工具"的主要作用是什么？

5．想一想，绘制一幢楼房的场景应使用哪些工具？

二、上机实训

1. 制作企业标志。

应用本章所学知识，绘制企业标志，如图 2-55 所示。标志简介及制作提示如下。

本标志为银成物业公司的企业标志，标志由两部分构成。一部分是"银成"两个字汉语拼音缩写的变形图标，另一部分是"银成物业"四个汉字。图标以黑、蓝、红三色拼接而成，喻示着企业的文化特色，即稳重、冷静和热情，与企业的经营特点完全相符。

制作过程中除了要应用本章所学习的各种绘图工具外，还要注意图标的比例与尺寸，文字的字体及其与图标的呼应。图标的三个颜色区域需单独绘制，并将其转化为单独的元件，以便于修改和管理。

图 2-55　企业标志

图 2-56　卡通人物头像

2. 制作卡通人物头像。

应用本章所学知识，绘制卡通人物头像，如图 2-56 所示。图像简介及制作提示如下。

本图像为一个卡通人物头像，所采视角为人物的斜侧面，这个角度最能体现人物的面部特征、面部表情，并能间接反映人物心理活动状态，是动画制作中较难把握的一种画面。

人物头像以曲线为主，没有一定规律可循，可用先画轮廓，再修改细节的方法来绘制。主要运用"线条工具"、"选择工具"和"颜料桶工具"。如能将本图像通过扫描方式输入计算机，在 Flash 8 中导入舞台，用"线条工具"和"选择工具"进行描边操作则更为理想。

第 **3** 章

Flash 8 与网页动画

1. 图层的操作
2. "填充变形工具"的使用
3. "对齐"面板的使用
4. 图形元件和影片剪辑元件的使用
5. 动作补间动画、引导层动画、逐帧动画

3.1 网页横幅宣传动画

因特网的发展,给人们的生活带来了一场革命,数以亿计的网民整天流连于网络,也带来了很多的商机,网络广告应运而生,而 Flash 软件的成功开发给网络广告大面积的普及提供了契机,用 Flash 制作网页动画也成了企业产品宣传的主要手段,它的优点是制作方便、表现力强、网络用户众多且对计算机的硬件要求较低。

3.1.1 作品展示

随着满天飞舞的桃花,文字和广告语依次出现。一个时尚女郎举起右手,左手放在嘴边做呼喊状,以此引起人们的注意,达到广告宣传的效果。作品效果如图 3-1 所示。

此例广告 Flash 主要要用到 Flash 的几种基本动画类型——动作补间动画、引导层动画、逐帧动画及元件的使用。

3.1.2 制作思路与过程

网页动画的主要特点是简洁明了,在网页上展示,要具有一定的吸引力,因此在色彩的选择上使用了粉红色。考虑到动画使用在女性服饰的网站中,所以设计了梅花纷纷落

图 3-1 广告效果演示

下的场景,以营造一种浪漫、温馨的气氛。从年龄层面上考虑,产品定位于年轻的时尚女性,所以设计了一个青春活泼的少女大声呼喊的形象,以达到视觉上的冲击。文字的出现凸显出该栏目的主题。

在具体的制作时一开始就要把背景绘制好,然后把需要的元件创建好,如花,树等。在场景中将各元件组织起来。在制作"落花"这个影片剪辑元件时,运用到的是引导层动画。在主场景中对各个元件做相应的动画,最主要的是动作补间动画。按照元件依次出现的顺序在场景中制作动画。

操作步骤有如下几步。

1. 新建文件,制作背景

① 执行"文件"→"新建"命令,在系统给出的"常规"面板中选择"Flash 文档"选项后,单击"确定"按钮,新建一个 Flash 文档。在"属性"面板中更改文档大小为 700×110 像素,背景颜色为白色,如图 3-2 所示。

② 在"时间轴"面板中的"图层 1"上双击,把图层名改为"背景",如图 3-3 所示。

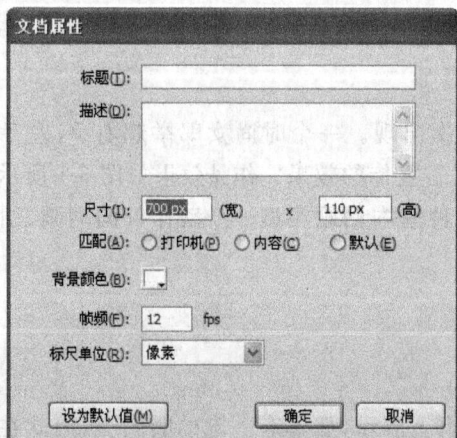

图 3-2 设置文档属性

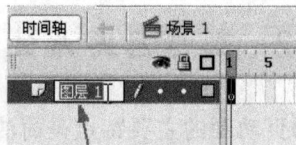

图 3-3 更改图层名称

③ 选择"矩形工具" ，设置笔触的颜色为无色 ，在"混色器"面板中设置类型为"线性"，然后设置渐变条上从左到右的色标的颜色值，具体参数设置如图 3-4 所示。

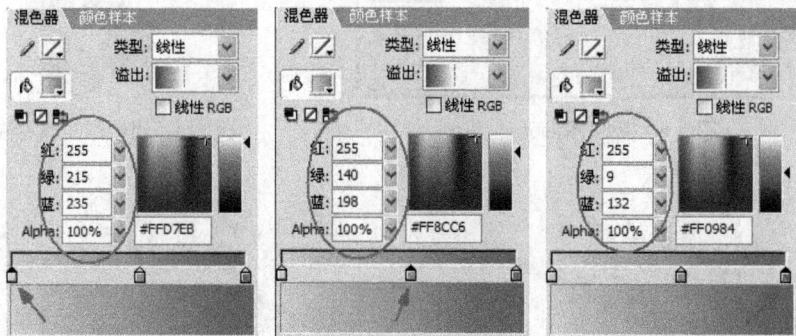

图 3-4　设置颜色渐变

④ 设置完成后，选中"背景"图层的第 1 帧，在场景中绘制一个如图 3-5 所示的矩形。

图 3-5　绘制矩形

⑤ 选中新绘制的矩形，按 Ctrl＋K 组合键，打开"对齐"面板，依次单击 、 、 、 4 个按钮，调整矩形的大小和位置，使其和场景同样大小，如图 3-6 所示。

⑥ 使用"填充变形工具" 对矩形的填充色进行调整，调整后的效果如图 3-7 所示。

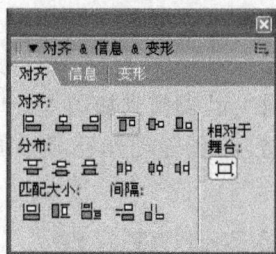

图 3-6　"对齐"面板

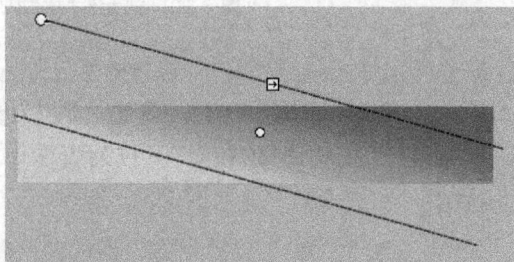

图 3-7　调整填充色

背景制作完成后，在第 130 帧插入关键帧。

2. 创建元件

① 执行"插入"→"新建元件"命令，在弹出的"创建新元件"对话框中选择"图形"选项，新建图形元件，在"名称"文本框中输入"花"，将新建元件命名为"花"，单击"确定"按钮，完成新元件的创建，如图 3-8 所示。

在舞台中，使用绘图工具绘制如图 3-9 所示的花朵图形。

② 新建图形元件，命名为"树"，使用绘图工具绘制树干，如图 3-10 所示。在场景中新建元件"树"，把元件"花"多次拖曳至舞台，如图 3-11 所示。

图 3-8　新建图形元件

图 3-9　用绘图工具绘制花朵

图 3-10　用绘图工具绘制树干

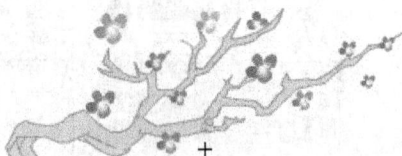

图 3-11　反复利用元件制作完整的树

3. 将元件实例化

① 在"时间轴"面板中单击 ⬚场景1 按钮，返回到场景中。新建图层 2，命名为"树"，把图形元件"树"放置在"树"图层的第 1 帧并对其位置进行适当的调整，效果如图 3-12 所示。

图 3-12　把元件"树"拖曳到场景中

② 新建图层 3，命名为"人"。新建图形元件"人"，将其拖曳到图层"人"的第 1 帧中，位置如图 3-13 所示。在第 13 帧按 F6 键，插入关键帧，把元件"人"调整到如图 3-14 所示位置。在"属性"面板中选择"补间"下拉列表框中的"动画"选项，创建动作补间动画，如图 3-15 所示。

图 3-13　设置起点关键帧

图 3-14　设置终点关键帧

图 3-15　创建人物的补间动画

③ 在图层"人"的第 14 帧开始,反复按 F6 键,插入关键帧,直到第 23 帧,时间轴如图 3-16 所示。

④ 选中第 14 帧,单击元件"人",在"属性"面板中调整"颜色"的"亮度"数值,如图 3-17 所示。

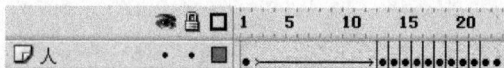

图 3-16　插入关键帧

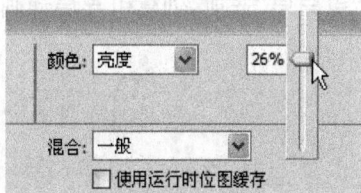

图 3-17　调整"颜色"的亮度

依次调整第 15～23 帧的元件的"亮度"值,主要关键帧中的内容如图 3-18 所示。

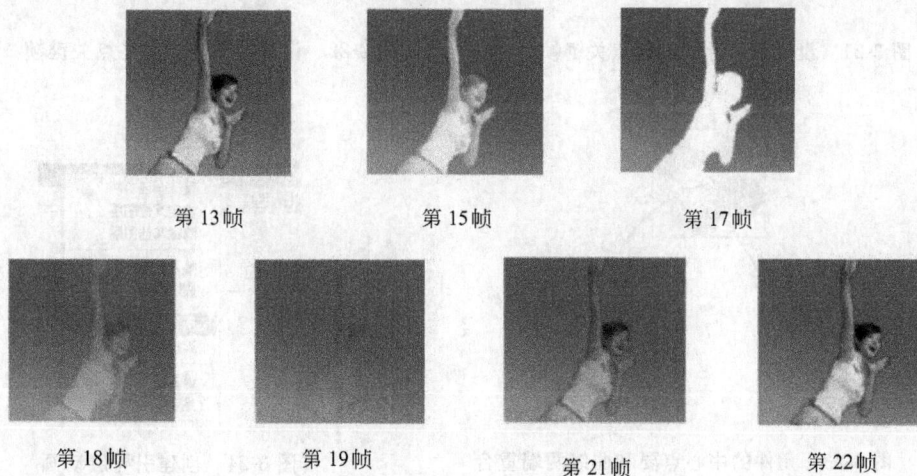

第 13 帧　　　　　　第 15 帧　　　　　　第 17 帧

第 18 帧　　　　第 19 帧　　　　第 21 帧　　　　第 22 帧

图 3-18　调整 15～23 帧的元件的"亮度"值

4. 制作落花效果

① 新建影片剪辑元件,命名为"落花 1"。使用"铅笔工具" ✐ ,设置"属性"面板中线条样式为极细,颜色任意,如图 3-19 所示。

② 选中图层 1 的第 1 帧,在舞台中随意画一条曲线,如图 3-20 所示。在第 25 帧处插入帧。

图 3-19　设置铅笔工具的属性面板　　　　　图 3-20　用铅笔绘制曲线

③ 新建图层 2，把图形元件"花"拖入场景中，位置如图 3-21 所示。在第 25 帧中插入关键帧，把元件"花"调整到如图 3-22 所示位置。注意，元件的中心点要和曲线两端重合，如图 3-23 所示。在两个关键帧中创建动作补间动画。在图层 1 上右击，在弹出的菜单中选择"引导层"选项，创建引导层动画，如图 3-24 所示。

图 3-21　设置被引导层的起点关键帧　　　　图 3-22　设置被引导层的终点关键帧

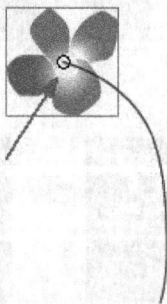

图 3-23　元件的中心点要和曲线两端重合　　图 3-24　创建引导层动画

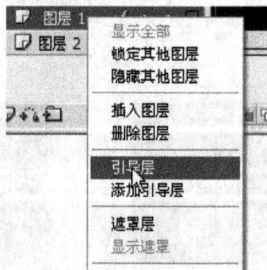

按同样步骤制作影片剪辑元件"落花 2"，制作花落下的另一种曲线路径的引导层动画。

④ 回到场景中，新建图层，命名为"落花"。在第 1 帧中把影片剪辑元件"落花 1"、"落花 2"不断拖入场景中（实例化），如图 3-25 所示。调整它们的大小及 Alpha 值，在第 84 帧插入帧。

5. 制作文字元件

① 新建三个图形元件,分别命名为"only"、"veromoda"、"calvinklein",在舞台中用"文本工具" A ,在"属性"面板中设置字体大小,字体颜色,如图 3-26 所示。

图 3-25　实例化元件

图 3-26　设置文本的属性

② 新建图形元件,命名为"白色方块"。使用"矩形工具" ,设置填充色类型为"线性",具体参数如图 3-27 所示。

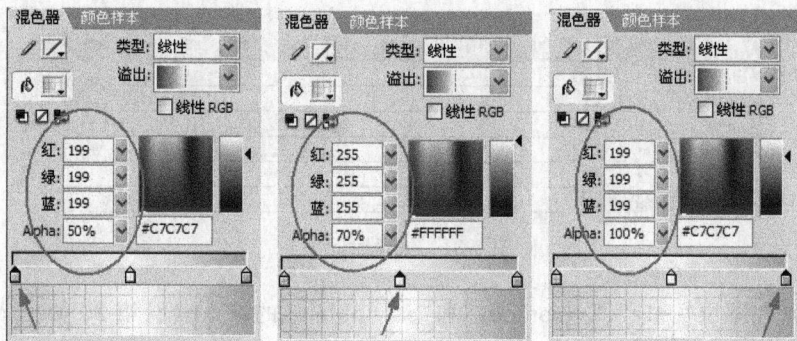

图 3-27　设置填充色

在舞台中绘制一个矩形,如图 3-28 所示。

③ 回到场景,新建图层,命名为"only"。在第 33 帧处插入关键帧,把图形元件"only"拖入场景中,在第 39 帧插入关键帧,在两个关键帧中元件的位置如图 3-29 所示,在两个关键帧中间创建补间动画。

④ 新建图层,命名为"白色 1"。在第 32 帧处插入关键帧,把图形元件"only"拖入场景中,在第 40 帧插入关

图 3-28　绘制矩形

键帧,在两个关键帧中元件的位置如图 3-30 所示,在两个关键帧中间创建补间动画。

⑤ 参照步骤③,步骤④制作其他两个图形元件的运动补间,关键帧如图 3-31 所示。

⑥ 分别在图层"树"和"人"的第 85 帧、第 90 帧插入关键帧,设置两个关键帧中的图形元件的 Alpha 值分别为"100％"和"0％",在两个关键帧之间创建补间动画。

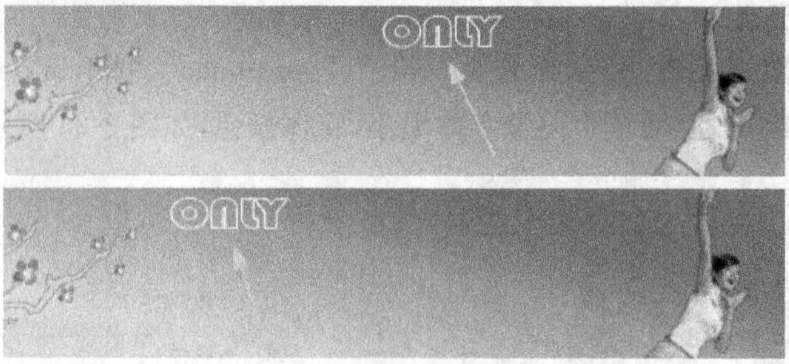

图 3-29　创建补间动画

图 3-30　创建补间动画

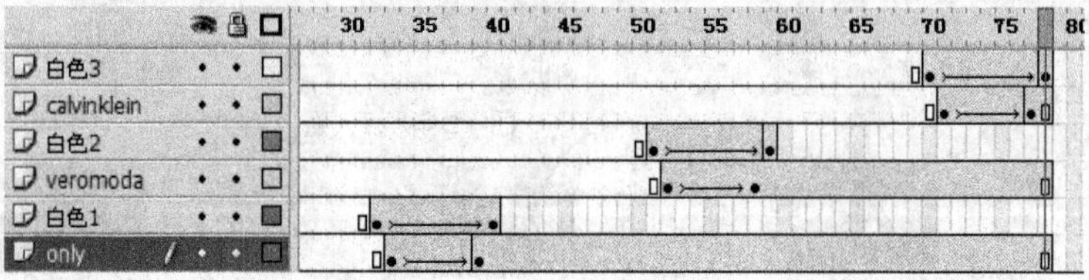

图 3-31　编辑时间轴

⑦ 分别在图层"only"、"veromoda"和"calvinklein"的第 91 帧、第 96 帧插入关键帧，设置两个关键帧中的图形元件的 Alpha 值分别为"100％"和"0％"，在两个关键帧之间创建补间动画。

⑧ 新建一个图形元件，命名为"字 1"。使用"矩形工具"□和"文本工具"A在舞台中制作如图 3-32 所示内容。再新建一个图形元件，命名为"字 2"。在舞台中制作如图 3-33 所示内容。

图 3-32　图形元件"字 1"

图 3-33　图形元件"字 2"

⑨ 回到场景，新建一个图层，命名为"字 1"，在第 96 帧插入关键帧，把元件"字 1"实例化。使用"任意变形工具"□调整其大小。在第 99 帧插入关键帧，使用"任意变形工

具"⊡调整其大小,如图 3-34 所示。在两个关键帧之间创建补间动画。在第 130 帧插入帧。

第 96 帧 编辑起点关键帧

第 99 帧 编辑终点关键帧

图 3-34　编辑起点和终点关键帧

⑩ 新建一个图层,命名为"字 2",在第 101 帧插入关键帧,把元件"字 2"实例化。调整大小,位置如图 3-35 所示。

图 3-35　编辑起点关键帧

在第 105 帧插入关键帧,把元件放在如图 3-36 所示的位置,在两个关键帧之间创建动作补间。

图 3-36　编辑终点关键帧

在第 107 帧插入关键帧,选择"任意变形工具"⊡,在元件"字 2"上单击,选中中心点,将其调整到如图 3-37 所示的位置。拖曳控制手柄,调整字元件的大小。再在第 130 帧插入帧。

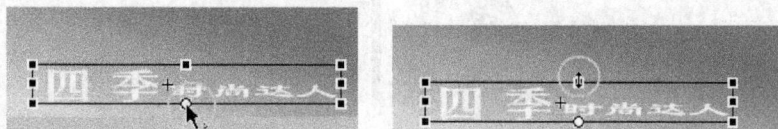

图 3-37　创建补间动画

⑪ 在图层"落花"的第 85 帧插入关键帧,把影片剪辑元件"落花 1"和"落花 2"拖入场景中的合适位置,可以适当调整大小和 Alpha 值,如图 3-38 所示。

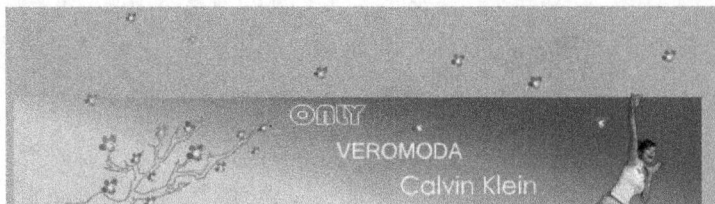

图 3-38 调整影片剪辑元件的 Alpha 值

6. 测试与发布

按 Ctrl+Enter 组合键测试影片,并保存动画文件。

3.2 知识讲解——Flash 8 与网页动画

Flash 是网页动画编辑软件,大部分的 Flash 动画都是应用于网站,所以,网页 Flash 动画的设计与制作要充分考虑网页的构架,然后才能制作。动画要放在网页的位置,动画的尺寸大小,这些构思都应该在制作 Flash 之前完成。还应该考虑给动画设计哪些人物、文字,以及它们出现的顺序、层次。

3.2.1 网页动画的常用面板

1. 元件与"库"面板

Flash 8 中的"元件"是指存放在"库"面板中的各种图片、影片剪辑和按钮等,它是一种特殊的对象。在 Flash 动画中,一个元件可以在整个动画中重复使用。将元件从"库"面板中拖动到舞台上时,就产生了一个元件的复制品,称为"实例",如图 3-39 所示。

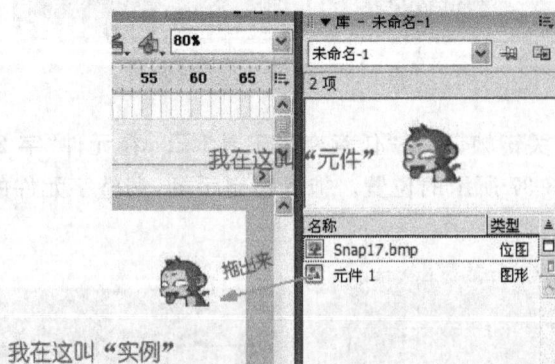

图 3-39 元件的实例化

　　同一个元件可以产生多个实例,只需要将其从"库"面板中拖入舞台中即可。可以将元件看作是一种模板,使用同一个模板能够创建多个属性相同或不同的实例。也就是说,动画中的表演对象是元件的实例,而不是元件本身,正如所说的电影中的"角色"一样,而非演员本身。

　　在 Flash 8 中有三种类型的元件:影片剪辑、图形、按钮。

　　(1) 影片剪辑

　　影片剪辑元件是 Flash 中最为复杂的元件,也是使用最频繁的一种元件,可以将它看作是一个完整的动画片段。在影片剪辑元件中可以使用各种类型的素材,它具有独立的时间轴。创建影片剪辑元件实际上就是建立一小段动画,当把影片剪辑元件用于其他动画中时,就形成了动画嵌套,这是创建复杂动画的主要手段之一。

　　(2) 图形

　　图形元件多数情况下是静态的,但个别情况下也可以设置为一个小动画,只是这种用法比较少。例如,要在动画中创建一束鲜花,这时就可以创建一支鲜花的图形元件,然后将它重复拖动到舞台中,调整各实例的大小、位置、角度就可以形成一束鲜花。在图形元件中不能实现交互功能,也不能加入声音。如果把图形元件设置为动画形式,它只能播放一次而不能循环播放。

　　(3) 按钮

　　按钮元件是为实现动画的交互功能而设置的。使用按钮元件可以响应当前的鼠标事件,控制动画的播放。在按钮元件的时间轴中只有四个帧,分别是:弹起、指针经过、按下和单击。其中弹起、指针经过、按下三个帧用于设置按钮的三种状态,即正常、指向、按下;最后一帧单击用于设置按钮的触发区。在按钮元件的前三个帧中,既可以是影片剪辑元件,也可以放置声音。因此,在 Flash 8 中可以制作出动感十足的按钮。

　　在 Flash 8 中,任何一个动画文件都有自己的元件库,用于组织动画中的元件、声音、位图等动画元素。另外 Flash 8 还提供了一个公用库,库中的元件可以在任何动画中使用。

　　"库"面板中存放着各种图形、动画、按钮或者引入的声音和动画文件。"库"面板中的图形可以是内建的矢量图形,也可以是从外部引入的 JPG、GIF 和 BMP 等多种 Flash 支持的图形格式。制作动画时,可以先制作或引入一些元件,将它们存放在"库"面板中,需要使用元件时,直接从"库"面板中引用它们即可。

　　执行"窗口"→"库"菜单命令,可以打开"库"面板,如图 3-40 所示。

　　"库"面板的形态不是固定不变的,用户可以根据需要随时调整它的显示状态,以适应工作的要求。

　　打开"库"面板后,将光标指向面板的边框,当光标变为双向箭头时拖曳鼠标,可以自由地调整"库"面板的大小。另外,单击"库"面板上的 ▢ 按钮也可以使"库"面板变大,

图 3-40　"库"面板

显示出所有的内容；单击 □ 按钮可以使"库"面板变小。

"时间轴"面板用于组织和控制影片内容在一定时间段播放的层数和帧数。与胶片不一样，Flash 也将影片的长分为帧。图层就像层叠在一起的幻灯片一样，每个图层都包含一个显示在场景舞台中的不同图像。时间轴分左、右两个区域，左边为"图层"面板，右边为时间轴控制区，如图 3-41 所示。

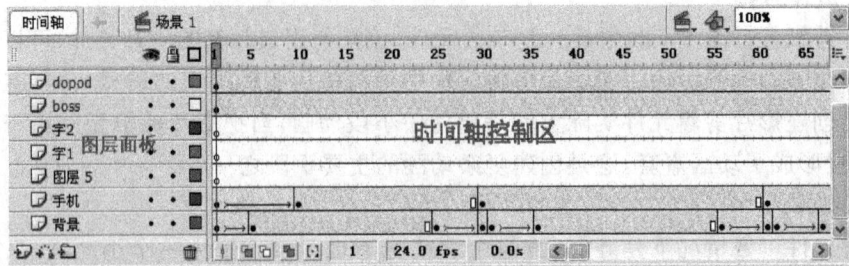

图 3-41 "时间轴"面板

"图层"面板是进行层显示和操作的主要区域，由层示意列和几个相关层的操作功能按钮组成。当前舞台中正在编辑的作品所有层的名称、类型、状态都会按照层的放置顺序排列在图层示意列中。在"图层"面板中，不但可以显示当前作品的层及所属信息，还可以对某一个或部分层进行操作，如新建图层、删除图层、改变层的放置顺序等。

时间轴控制区主要由若干行与左边层示意列对应的动画轨道、轨道中的帧序列、时间标尺、信息提示栏及一些用于控制动画轨道显示和操作的工具按钮组成。其中，动画轨道用于放置对应层中的图形帧、动画帧序列或音频序列。动画帧序列是一组按时间顺序排列的图形帧，在播放时，按照预定的顺序和速度交替出现在屏幕上，产生动画效果。

"属性"面板包含了一些常用的编辑功能，如设置实例的大小、位置坐标、更改帧的状态等；并能够实现各种属性的设置，如笔触颜色、填充颜色和字体字号等；还能够显示各种 Flash 元素（如图片、按钮、影片剪辑、帧和层等）的状态，如图 3-42 所示。

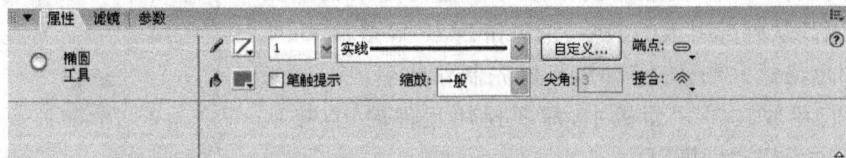

图 3-42 "属性"面板

编辑动画时，在场景中选择某一对象，"属性"面板将显示该对象的所有属性，以便于设置其参数。如选择"文本工具"时，显示设置文本参数的选项，而选择"图形"时，则显示的选项与文本大不相同。用户可以尝试在场景中导入位图图像，绘制矢量图形和输入文本后，依次使用工具箱的"选择工具"选中不同对象，看"属性"面板中的参数选项具体有哪些区别。

2. 引导层动画

在 Flash 中创建直线动画是件很容易的事,而建立一个曲线运动或沿一条路径进行运动的动画就需要用到引导层。例如,设计一个小球做圆周运动的动画,就需要首先在普通的图层中放置一个小球,接着创建一个小球做圆周运动时的运动路径,然后将小球与路径结合在一起,使小球能够按照创建的路径进行运动。这个创建运动路径的层就被称为引导层,如图 3-43 所示。实际上,在引导层中只有运动路径,而在最后播放动画的过程中是看不到路径的。

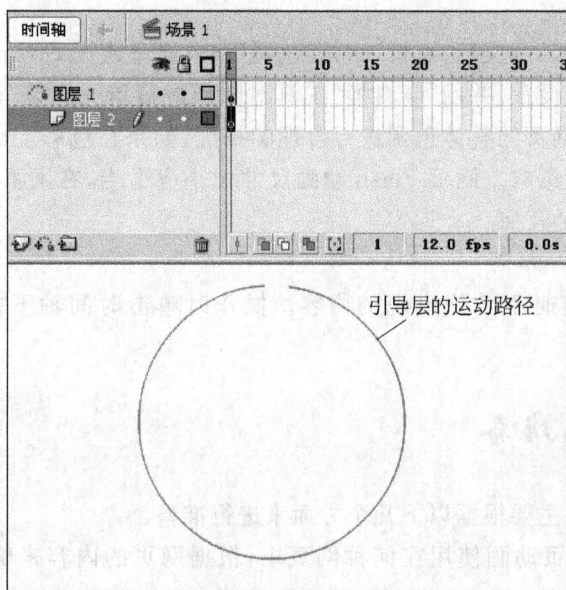

图 3-43 创建引导层的运动路径

将普通图层与运动引导层连接可以使被连接层上的对象沿着运动引导层上的路径进行运动。只有在创建运动引导层时选择的层才会自动与运动引导层建立连接。任何被连接层的名称栏都将被嵌在运动引导层的名称栏下面,这可以表明一种层次关系。被连接运动引导层的层称为被引导层,如图 3-44 所示。在默认情况下,新创建的运动引导层都将被放置在用来创建该运动引导层的层上面。用户可以像对普通图层一样对引导层进行操作。

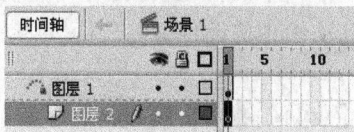

图 3-44 创建引导层动画

创建引导层动画的步骤是:添加运动引导层→绘制路径→元件实例化→创建动作补间动画。

提个醒

将首尾两个关键帧中的实例的中心放在路径曲线上,否则不能沿曲线运动。

3.2.2　关键技法

1. 创建元件

创建元件以便在动画中出现。执行"插入"→"新建元件"菜单命令,或按 Ctrl＋F8 组合键,在弹出的"创建新元件"对话框中进行设置。在网页动画中创建元件时要注意元件与网页整体风格的协调性,如果不协调会破坏整个网页的效果。

2. 混色器面板

对颜色进行调整。可执行"窗口"→"混色器"菜单命令或按 Ctrl＋F9 组合键打开"混色器"面板,对其进行设置,并用"颜料桶"工具对图形进行填充。整个 Flash 动画的色调的选择,要能够根据网页的整体色调进行合理的搭配,如果在色彩上出现不适当的搭配,整个网页效果都会受影响。网页 Flash 动画尺寸大小应适当,在网页上不能占太大的空间,否则会引起网民的反感。

3. 引导层动画

存放在作品导出时不希望出现的内容。操作时单击时间轴下方的"添加引导层"按钮。

3.2.3　素材的准备

网页动画的素材主要根据以下几个方面来进行准备。

(1) 所制作的网页动画使用在何种网页中,根据网页的内容来确定动画内容,编制剧本。

(2) 根据剧本的内容,设定动画的主要元件。主要元件可以根据需要创建,也可以从网络上进行搜索和下载。

(3) 结合剧本的情况,准备必要的代码。

本例中的梅花、梅树等均为使用画笔工具制作完成的;人物是从网络上下载下来,添加到动画中的元件。

3.2.4　制作流程

网页动画通常放置在页面比较明显的位置,突出展示网页的主题或渲染网页的气氛。在设计制作时通常按照下述流程进行。

(1) 根据网页的主题编写一个简单的角本,即在动画舞台场景中出现什么内容及这些内容出现的顺序。

(2) 设计制作 Flash 动画中的元件。这些元件可以根据主题自行设计制作,或者从因特网上查找,也可以通过购买一些正版光盘来获取。

(3) 使用时间轴将各个元件进行有机地组织,在组织过程中要注意各图层的次序。

3.3 拓展训练——Logo 动画

Logo 就是标志、徽标,是现代经济的产物。Logo 现在多用于企业网站中,是企业的无形资产,是企业综合信息传递的媒介。标志作为企业 CIS 战略的最主要部分,在企业形象传递过程中,是应用最广泛、出现频率最高,同时也是最关键的元素。企业强大的整体实力、完善的管理机制、优质的产品和服务,都被涵盖于标志中。通过不断地刺激和反复刻画,标志深深地留在受众心中。随着因特网的迅速发展,各种类型的企业都在因特网上设立了自己的企业网站,为了展示企业的形象,很多网站上都设计制作了动态的 Logo。

3.3.1 作品展示

这是一个以生产滑翔伞及野外生存装备为主的企业集团的网站 Logo,主题简洁明了,以一对对飞的燕子为主要内容,展示了企业的主营项目;以白色作为底色,衬托出两只滑翔伞在白云中飞翔,也暗示着企业有着广阔美好的发展前景。效果如图 3-45 所示。

图 3-45 企业 Logo

3.3.2 制作要点提示

该企业 Logo 的主要制作步骤有如下几点。

① 设置文档大小为 260×95 像素,背景色为白色。

② 使用"矩形工具"和"选择工具"绘制影片剪辑元件"blue"(后面要对其添加滤镜效果,而滤镜只使用于文本、影片剪辑和按钮),如图 3-46 所示。

③ 回到场景,制作影片剪辑元件"blue"和"yellow"的动作补间动画。

④ 制作红色线段的形状补间动画。

⑤ 制作"双燕集团"的动画。

首先,新建图层 6,在第 23 帧插入关键帧,然后选择"文本工具",在"属性"面板中设置合适的字体、颜色和大小,在场景中输入文字"双燕集团",如图 3-47 所示。

图 3-46 影片剪辑元件 "blue"

然后,新建图层 7,在第 23 帧插入关键帧,使用矩形工具绘制一个矩形(颜色任意),使其恰好遮住图层 6 中的"双燕集团"文字,如图 3-48 所示。

单击图层 7 的第 30 帧,插入关键帧。选中第 23 帧,使用"任意变形工具"在场景中将矩形向左进行压缩,压缩后如图 3-49 所示。在"属性"面板中选择"补间"下拉列表框中的"形状"选项,创建形状渐变动画,如图 3-50 所示。

图 3-47　输入文本

图 3-48　遮挡文字图层

图 3-49　制作文字动态效果

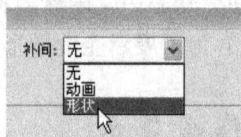

图 3-50　设置动画效果

　　最后,在"时间轴"面板中的"图层 7"上右击,从弹出的快捷菜单中选择"遮罩层"选项,创建遮罩动画。

　　⑥ 按 Ctrl＋Enter 组合键测试影片,并保存动画文件。

本 章 小 结

　　本章通过一个网页动画实例的讲解,介绍了网页动画制作的基本方法与基本制作流程,以及相关知识。通过一个企业 Logo 动画的制作训练,拓展了知识。通过本章的学习,可以掌握简单的网页动画制作技术与设计方法,加深对 Flash 动画制作应用领域及网页动画制作基本要求的理解。

本 章 练 习

一、简答题

1. "任意变形工具"可以进行什么操作?

2. 如果绘制一个矩形,可以使用哪些工具来完成?

3. 能够修改填充渐变色的工具是什么?

4. 怎样绘制出正圆或正方形?

5. 引导层动画的特点是什么?

6. Flash 8 中的元件主要有哪几种?

二、上机实训

1. 设计电影片头。

选一部你喜欢的电影，根据电影的类型及主要内容用 Flash 设计制作一个影视片头。内容要能彰显这部电影的特点。

2. 为你的学校或班级设计一个动画 Logo。

第 **4** 章

Flash 8 与网络广告

学习
要点

1. 按钮元件的制作和使用
2. 逐帧动画的编辑
3. 动作脚本的添加
4. 场景的组织

用 Flash 制作流行于网络的动画广告是各大网络运营商获取利润的手段之一。使用 Flash 8 制作商业广告动画时我们应该针对广告内容进行设计。制作的形式广泛,可以通过各种不同的视觉效果来吸引观众的目光。广告动画设计的目的非常明确,就是展现商品的价值和魅力,增加对消费者的吸引力。

4.1 手 机 广 告

手机曾经是身份的象征,现在更多的是大众的通信工具。手机的生产厂家众多,市场竞争激烈。年轻人是手机的主要消费群体,他们的手机更新快,需要的功能多,因此手机广告多在一些电视台的娱乐节目、报纸的娱乐版面和年轻人极度喜爱的因特网上出现。

4.1.1 作品展示

从图 4-1 所示的 Flash 广告中,我们可以看到不同颜色的同一款手机,然后是这款手机的广告词缓缓出现,让观看者了解这款手机的外形及定位。

4.1.2 制作思路与过程

手机的消费群体主要定位于年轻人,年轻人的特点是喜欢求新、求酷。定位于年轻

图 4-1　手机广告

人的手机在做广告宣传时,首先要突出"新",主要体现在手机提供的新功能上;其次是突出"酷",主要体现在手机的外形上。在制作手机宣传的 Flash 时,可以这两点作为切入点组织内容,以展示所宣传手机的特点。本例使用单调的背景色,以衬托出手机超酷的外形;辅以一定的文字说明,以展示手机全新的功能。最后把所有颜色的手机排列在一起,做一组造型,当鼠标指针放在某个颜色的手机上时,手机会变成正面放大的状态,让消费者想进一步去了解这款手机。

在进行设计制作时,先处理所需要的图片素材,把它们做成元件。把元件实例化,在场景中组织起来。主要的动画类型是动作补间动画。在制作文字效果时,主要运用了形状补间动画和遮罩动画。最后的场景由按钮元件组成。

操作步骤如下。

1. 制作元件

① 执行"文件"→"新建"菜单命令,在系统给出的"常规"面板中选择"Flash 文档"选项后,单击"确定"按钮,新建一个 Flash 文档。在"属性"面板中更改文档大小为 460×300 像素,背景颜色为白色,如图 4-2 所示。

② 新建一个图形元件,命名为"dopod",

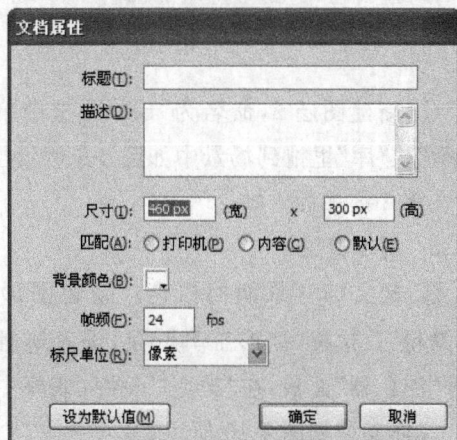

图 4-2　新建文档

68

在舞台中用"绘图工具"和"文字工具"制作如图 4-3 所示内容（因为文字是白色的，所以在制作时可以暂时把文档的背景色改为其他颜色，如灰色。制作完成后再换回白色，如图 4-4 所示）。

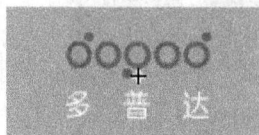

图 4-3　制作图形元件"dopod"

图 4-4　设置文档背景颜色

③ 新建一个图形元件，命名为"boss"，把库中的图片"Symboll"拖入该元件中，如图 4-5 所示。

2. 元件实例化

① 回到场景，把图层 1 的名字改为"dopod"，选中第 1 帧，把元件"dopod"从"库"里拖到场景中如图 4-6 所示位置，并用"任意变形工具"调整大小。在第 208 帧插入帧，如图 4-7 所示。

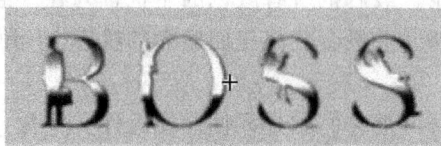

图 4-5　制作图形元件"boss"

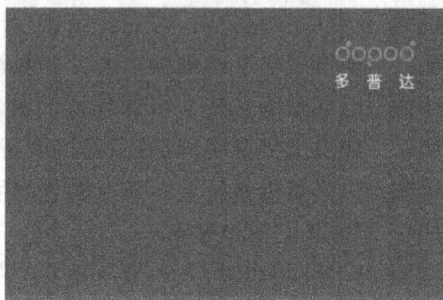

图 4-6　将元件"dopod"实例化

② 新建图层 2，命名为"boss"，选中第 1 帧，把元件"boss"从"库"里拖到场景中如图 4-8 所示位置。操作完成后，在第 208 帧插入帧。

3. 制作背景

① 把文档背景换回白色。新建图形元件，命名为"背景粉"。选择"矩形工具" ，设置笔触颜色为无色，打开"混色器"面板，在"类型"下拉列表框中选择"放射状"选项，如图 4-9 所示。

图 4-7　编辑时间轴

具体参数如图 4-10 所示。

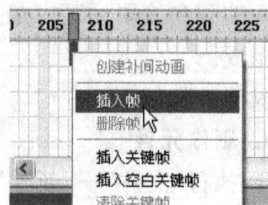

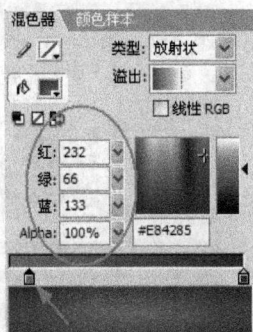

图 4-8　将元件"boss"实例化

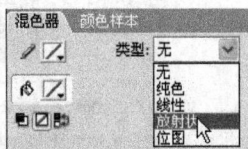

图 4-9　设置混色器的填充类型

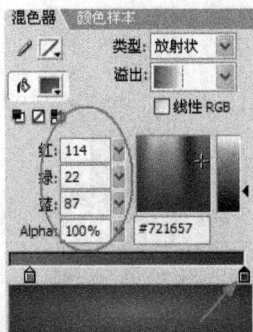

图 4-10　编辑填充色

② 在舞台中画一个矩形,选中这个矩形,在"属性"面板中把宽设为 460,把高设为 300(这个步骤是为了和文档大小一致),如图 4-11 所示。

③ 重复步骤①、②,新建 3 个图形元件,分别命名为"背景黑"、"背景绿"、"背景银",它们各自的颜色参数如图 4-12 所示。

图 4-11　设置矩形的高和宽

4. 背景实例化

① 回到场景,新建一个图层,命名为"背景",并拖动其到最底层(在图层上按住鼠标左键往下拖动),如图 4-13 所示。

② 选中第一个关键帧,把图形元件"背景粉"从"库"面板中拖入场景中,使其位置和舞台重合,如图 4-14 所示。

选中图形元件"背景粉",在"属性"面板中把元件的 Alpha 值改为 15%,如图 4-15 所示。

5. 创建补间动画

① 在"背景"图层的第 5 帧插入关键帧,选中图形元件"背景粉",在"属性"面板中把元件的 Alpha 值改为 100%,在第 1 帧和第 5 帧之间创建补间动画。

② 在"背景"图层的第 25、30 帧插入关键帧。选中第 30 帧,选中图形元件"背景粉",在"属性"面板中把元件的 Alpha 值改为 15%,在第 25 帧和第 30 帧之间创建补间动画。

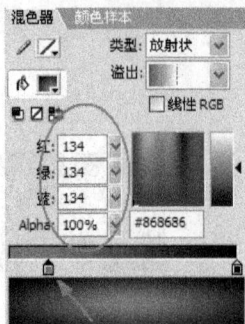

图形元件"背景黑"的参数

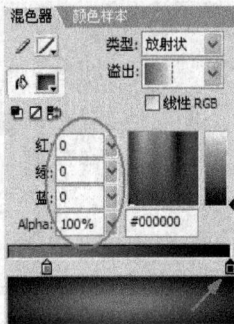

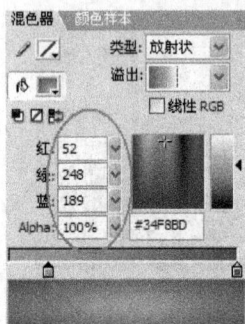

图形元件"背景绿"的参数

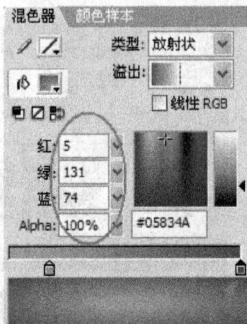

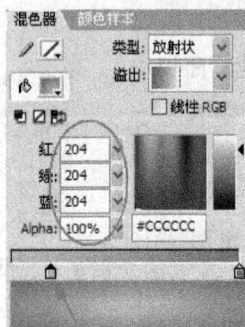

图形元件"背景银"的参数

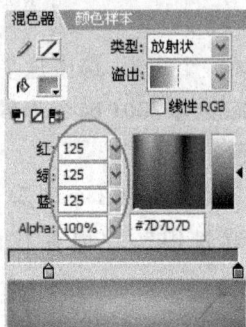

图 4-12　各图形元件的参数

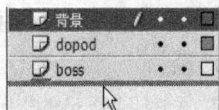

图 4-13　调整图层次序

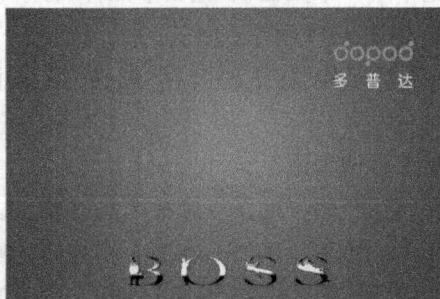

图 4-14　将图形元件"背景粉"实例化

③ 在"背景"图层的第 31 帧插入空白关键帧,如图 4-16 所示。

图 4-15　调整元件的 Alpha 值

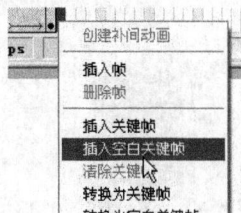

图 4-16　插入空白关键帧

把图形元件"背景黑"从"库"面板中拖入场景中,使其位置和舞台重合,操作方法同前所述。

④ 选中图形元件"背景黑",在"属性"面板中把元件的 Alpha 值改为 15%。在"背景"图层的第 36 帧插入关键帧。选中第 36 帧,选中图形元件"背景黑",在"属性"面板中把元件的 Alpha 值改为 100%,在第 31 帧和第 36 帧之间创建补间动画。

⑤ 在"背景"图层的第 56、61 帧插入关键帧。选中第 61 帧,选中图形元件"背景黑",在"属性"面板中把元件的 Alpha 值改为 15%,在第 56 帧和第 61 帧之间创建补间动画。

⑥ 在"背景"图层的第 62 帧插入空白关键帧。把图形元件"背景绿"从"库"面板中拖入场景中,使其位置和舞台重合,操作方法同前所述。

⑦ 选中图形元件"背景绿",在"属性"面板中把元件的 Alpha 值改为 15%。在"背景"图层的第 67 帧插入关键帧。选中第 67 帧,选中图形元件"背景绿",在"属性"面板中把元件的 Alpha 值改为 100%,在第 62 帧和第 67 帧之间创建补间动画。

⑧ 在"背景"图层的第 87、92 帧插入关键帧。选中第 92 帧,选中图形元件"背景绿",在"属性"面板中把元件的 Alpha 值改为 15%,在第 87 帧和第 92 帧之间创建补间动画。

⑨ 在"背景"图层的第 93 帧插入空白关键帧。把图形元件"背景银"从"库"面板中拖入场景中,使其位置和舞台重合,操作方法同前所述。

⑩ 选中图形元件"背景银",在"属性"面板中把元件的 Alpha 值改为 15%。在"背景"图层的第 98 帧插入关键帧。选中第 98 帧,选中图形元件"背景银",在"属性"面板中把元件的 Alpha 值改为 100%,在第 93 帧和第 98 帧之间创建补间动画。

6. 将图形元件实例化

① 在"背景"图层的第 122 帧插入帧。

② 新建图形元件,命名为"粉",在"库"面板中把素材"1"拖入元件里(按同样方法创建好图形元件"黑"、"绿"、"银")。

③ 回到场景,新建图层,命名为"手机"。选中第 1 帧,把元件"粉"从"库"面板中拖入场景中,放在如图 4-17 所示的位置。

选中图形元件"粉",在"属性"面板中把元件大小调整为宽 108.7、高 201.3,并把其 Alpha 值改为 12%。

④ 在"手机"图层的第 10 帧插入关键帧,把元件的位置调整到如图 4-18 所示位置,并在"属性"面板中把元件的 Alpha 值改为 100%,在第 1 帧和第 10 帧之间创建动作补间动画。

图 4-17　将图形元件"粉"实例化

图 4-18　修改元件的 Alpha 值

⑤ 在"手机"图层的第 3 帧插入空白关键帧,把元件"黑"从"库"面板拖入场景中,使其位置和舞台重合,如图 4-19 所示。

为了让元件"黑"和元件"粉"的位置重合,可以先调整元件"黑"的宽为 108.7、高为 201.3。执行"视图"→"网格"→"显示网格"命令,如图 4-20 所示;也可以在"属性"面板中记下元件的精确位置,如图 4-21 所示。再把元件"黑"的位置按此参数设置。

图 4-19　将元件"黑"实例化

⑥ 在"手机"图层的第 61、92 帧插入关键帧,分别把图形元件"绿"、"银"拖入场景中,如图 4-22 所示。在第 122 帧插入关键帧。

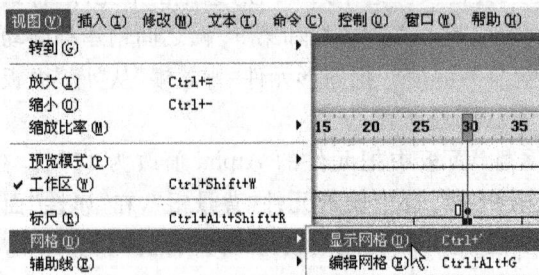

图 4-20　执行"显示网格"命令

图 4-21　设置元件位置

第 61 帧

第 92 帧

图 4-22　将元件"绿"和"银"实例化

7. 制作补间动画

① 新建图层 5,此时时间轴上的图层顺序如图 4-23 所示。

② 在图层 5 的第 118 帧插入关键帧,使用
"矩形工具" ![] 绘制一个没有边线的灰色矩形,
同舞台一样大小,如图 4-24 所示。

③ 在第 122 帧插入关键帧。选中第 118 帧,
使用"任意变形工具" ![] 把灰色矩形形状调整为
如图 4-25 所示的形状。

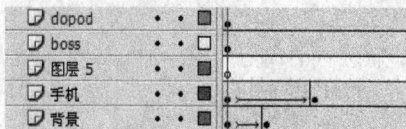

图 4-23　整理图层次序

图 4-24　绘制矩形

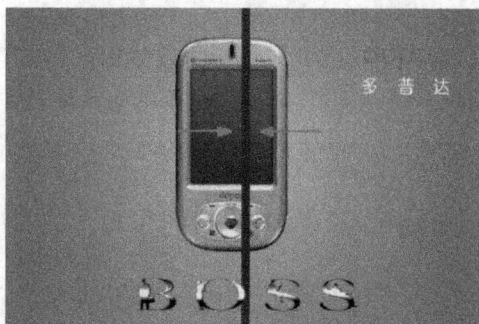

图 4-25　制作形状补间动画

④ 选中第 118 帧,在"属性"面板中的"补间"下拉列表框中选择"形状"选项,如
图 4-26 所示。在第 118 和 122 帧之间创建形状补间动画,在第 208 帧插入帧。

8. 制作文字元件

① 新建两个图形元件,分别命名为"出色的领导者"、"选用多普达 830",使用"文本
工具" ![A] 编辑文字,如图 4-27 所示。

图 4-26　创建形状补间动画

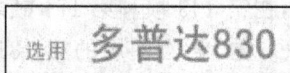

图 4-27　制作两个图形元件

② 回到场景,在图层 5 的上方新建图层,命名为"字 1"。在第 122 帧处插入关键帧,
把元件"出色的领导者"从"库"面板中拖入场景中,位置如图 4-28 所示。

③ 在"字 1"图层的第 160 帧插入关键帧,并调整元件位置,如图 4-29 所示(在水平方
向上轻微移动)。

④ 选中"字 1"图层上的第 122 帧中的元件,在"属性"面板中把元件的 Alpha 值改为
15%,在第 122 帧和第 160 帧之间创建动作补间动画。

⑤ 在"字 1"图层的第 170、180 帧插入关键帧。调整第 180 帧中的元件的位置,如
图 4-30 所示(在水平方向上轻微移动)。调整其 Alpha 值为 0%,在第 170 帧和第 180 帧
之间创建动作补间动画。

图 4-28　编辑起点关键帧

图 4-29　编辑终点关键帧

⑥ 在图层"字 1"的上方新建图层,命名为"字 2"。在第 143 帧处插入关键帧,把元件"选用多普达 830"从"库"面板中拖入场景中,位置如图 4-31 所示。

图 4-30　创建动作补间动画

图 4-31　实例化元件

⑦ 在"字 2"图层的第 174 帧插入关键帧,并调整元件位置,如图 4-32 所示(在水平方向上轻微移动)。

⑧ 选中"字 2"图层上的第 143 帧中的元件,在"属性"面板中把元件的 Alpha 值改为15%,在第 143 帧和第 174 帧之间创建动作补间动画。

⑨ 在"字 2"图层的第 181、195 帧插入关键帧。调整第 195 帧中的元件的位置,如图 4-33 所示(在水平方向上轻微移动)。调整其 Alpha 值为 0%,在第 181 帧和第 195 帧之间创建动作补间动画。

图 4-32　编辑起点关键帧

图 4-33　编辑终点关键帧

9．制作手机旋转效果

① 利用所给的图片素材做好图形元件"11"、"12"、"13"…"41"。

② 新建影片剪辑元件，命名为"粉色转"。依次把图形元件"11"到"20"放在第 1 到第 10 个关键帧中，制作一个逐帧动画，如图 4-34 所示。

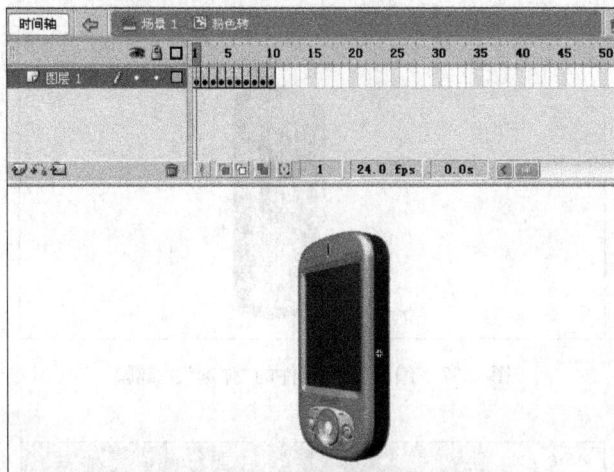

图 4-34　制作逐帧动画

③ 选中第 10 个关键帧，单击 ▶动作 按钮，打开"动作"面板，给第 10 个关键帧添加动作脚本，如图 4-35 所示。

添加完动作脚本后，关键帧如图 4-36 所示。

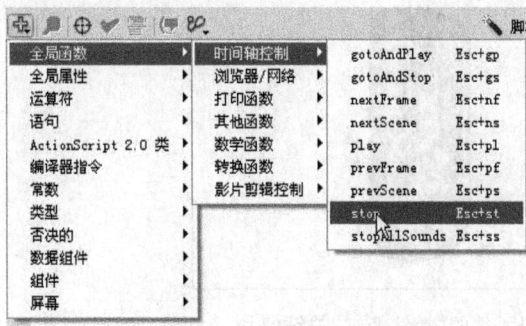

图 4-35　给关键帧添加动作脚本

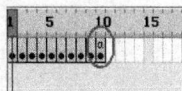

图 4-36　添加动作脚本后的关键帧

④ 按照上述方法分别制作好影片剪辑元件"黑色转"和"绿色转"。

⑤ 执行"插入"→"新建元件"菜单命令，在弹出的对话框中选择"按钮"选项，新建一个按钮元件，命名为"粉色"。

⑥ 在"弹起"这个关键帧中，把图形元件"11"从"库"面板中拖到舞台上，位置如图 4-37 所示。

⑦ 在"指针经过"处插入空白关键帧，把影片剪辑元件"粉色转"从"库"面板中拖到舞台上，位置如图 4-38 所示（保持两个关键帧中的元件的位置完全重合）。

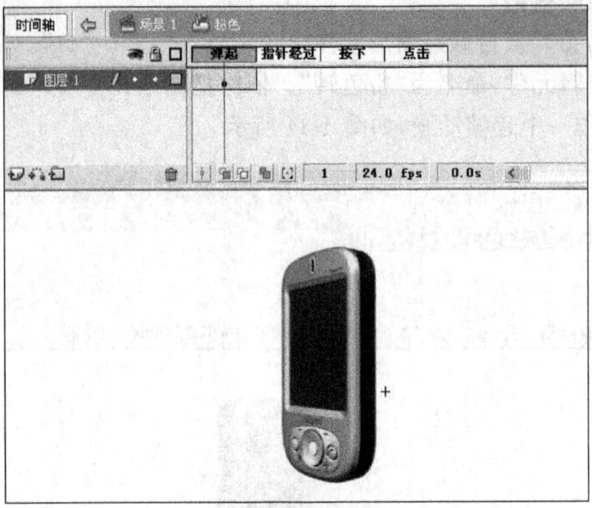

图 4-37 编辑按钮元件的"弹起"关键帧

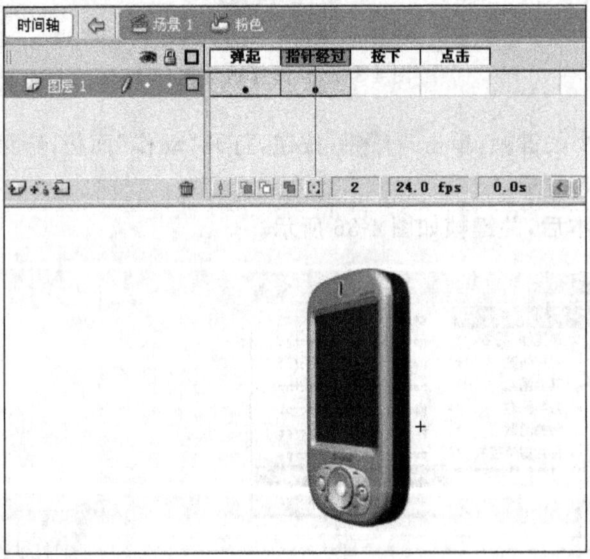

图 4-38 编辑按钮元件的"指针经过"关键帧

按照步骤⑤～⑦的方法,制作按钮元件"黑色"和"绿色"。

⑧ 新建影片剪辑元件,命名为"银色转"。把图形元件"41"从"库"面板中拖到舞台中。在第 10 帧插入关键帧,用"任意变形工具" ⊞ 把元件"41"变大,如图 4-39 所示。在两个帧之间创建动作补间动画。

⑨ 新建按钮元件"银色"。在"弹起"处的关键帧,把图形元件"41"从"库"面板中拖到舞台上。

⑩ 在"指针经过"处插入空白关键帧,把影片剪辑元件"银色转"从"库"面板中拖入到舞台上(保持两个关键帧中的元件的位置完全重合),如图 4-40 所示。

第 1 帧　　　　　　　　　　　第 10 帧

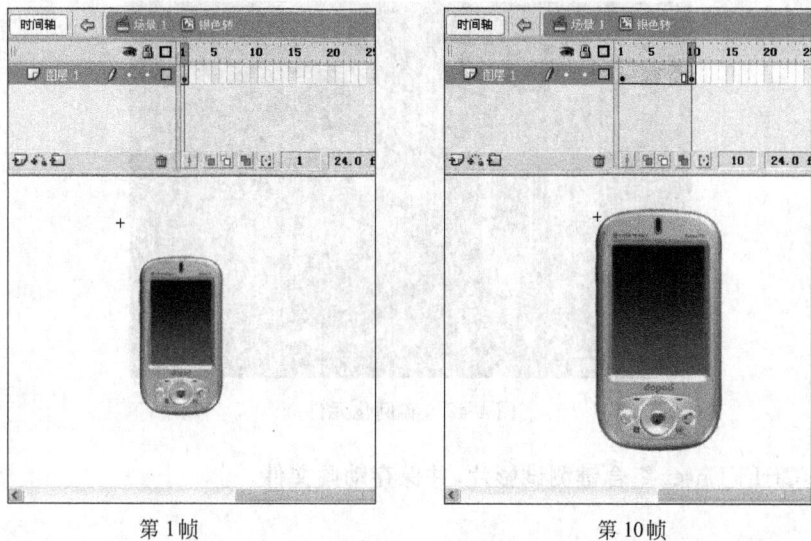

图 4-39　编辑关键帧

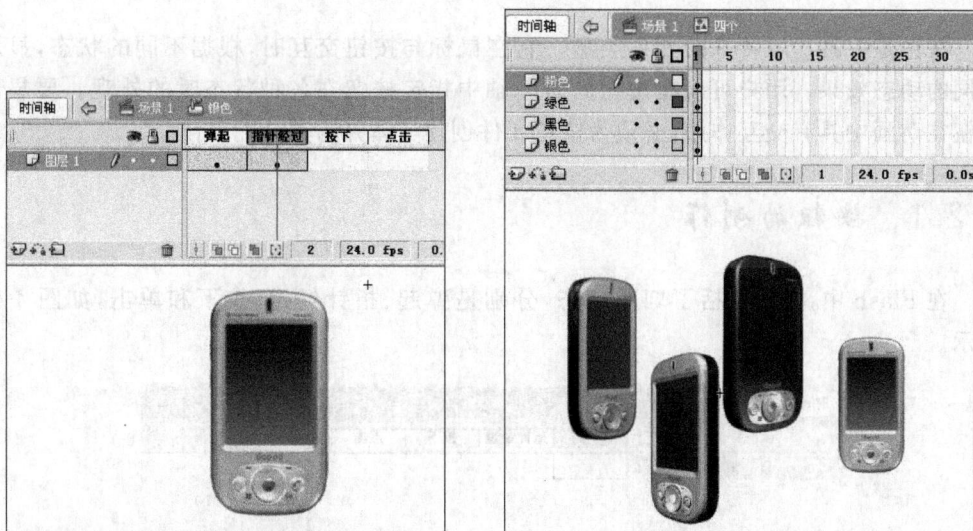

图 4-40　将影片剪辑元件"银色转"实例化

图 4-41　组织场景

⑪ 新建图形元件,命名为"四个"。新建四个图层,分别把按钮元件"粉色"、"黑色"、"绿色"、"银色"放在对应的层上,如图 4-41 所示。

⑫ 回到场景,新建图层 8(次序在最上方),在第 198 帧处插入关键帧,把图形元件"四个"从"库"面板中拖到场景中,位置如图 4-42 所示。

⑬ 在第 208 帧处插入关键帧,把 198 帧中元件的 Alpha 值改为 0%,并在两个关键帧中创建动作补间动画。

⑭ 选中第 208 帧,单击 ▶动作 按钮,打开"动作"面板,给第 208 帧添加"stop();"动作脚本。

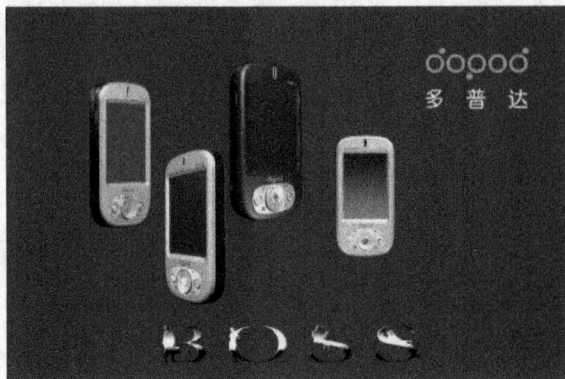

图 4-42　实例化元件

⑮ 按 Ctrl＋Enter 组合键测试影片,并保存动画文件。

4.2　知识讲解——按钮的制作和动作脚本

　　按钮是一种比较特殊的元件类型。它在鼠标与按钮交互时,根据不同的状态,显示不同的动态效果。用户可以在按钮的时间轴中指定按钮在各种状态时的外观。要想让按钮在动画中具有交互作用,必须为按钮元件创建实体并为其分配动作。

4.2.1　按钮的制作

　　在 Flash 中,按钮包括了四种状态,分别是弹起、指针经过、按下和单击,如图 4-43所示。

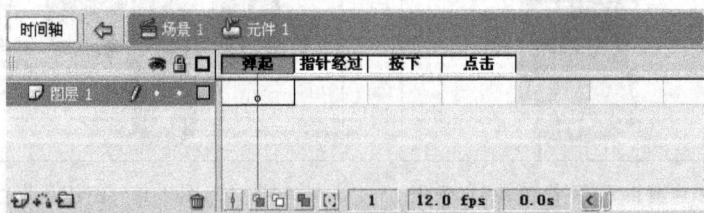

图 4-43　按钮元件

- 弹起:是指在鼠标指针没有接触按钮时的状态,也就是按钮的正常状态。
- 指针经过:当鼠标指针经过或放在按钮上但并未按下时,按钮所处的状态。
- 按下:当用鼠标按下时的按钮状态。
- 单击:该状态用于定义鼠标响应范围,在交互过程中是看不到的。

1. 创建按钮

执行"插入"→"新建元件"菜单命令,在弹出的对话框中选择"按钮"选项,可以更改按钮的名称,这时新建了一个按钮元件;或单击"库"面板右上角的"选项"按钮 ⬚ ,在弹出的菜单中执行"新建元件"命令,并设置新元件的行为是按钮,如图 4-44 所示。

分别单击按钮的各个状态帧,并在相应的状态帧内设置按钮在该状态时的反应。

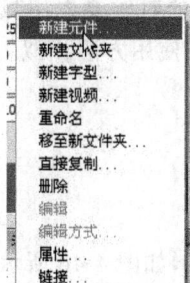

图 4-44 创建新元件

2. 开放按钮

在制作完成一个按钮后,用户可选择在编辑动画时是否开放按钮。如果按钮被启动,即使在编辑状态下也可以像在播放动画时一样响应鼠标事件。但是如果按钮被启动,那么就必须在按钮周围拉出一个矩形框,通过框选的方式来选中按钮。另外,不能用鼠标拖曳该按钮来进行移动,只能通过使用键盘来调整按钮的位置。

3. 启动按钮

启动按钮的方法是:执行"控制"→"启动简单按钮"命令,如果在该选项前出现对号,说明按钮已被启动。然后使用"选择工具",选取需要被启动的按钮。这时即使按钮在文档编辑状态下,也能执行相应的动作。在编辑修改按钮时,可以通过"属性"面板。

4. 测试按钮

测试按钮的动态效果可以执行"控制"→"测试电影"命令,或按 Ctrl＋Enter 组合键。

4.2.2 动作脚本概述

动作脚本就是大家常说的 ActionScript,是 Flash 专用脚本程序语言,它采用面向对象、事件驱动的编程方式,具有第五代编程语言的特点。

可以利用动作脚本进行人机交互,即通过键盘和鼠标的操作控制动画的播放流程。

动作脚本是在"动作"面板中编写调试的。可以执行"窗口"→"动作"命令打开"动作"面板,也可以单击 ▶动作 按钮打开。

1. 帧动作脚本

帧动作脚本是指位于某一帧的程序代码,当动画播放到此帧时,相应的动作脚本程序就会被执行。帧动作脚本只能加在关键帧或空白关键帧上,加上动作脚本的帧会在时间轴的对应帧上出现一个字母"α",如图 4-45 所示。删除帧上的动作脚本后,时间轴对应帧上的字母"α"会消失。

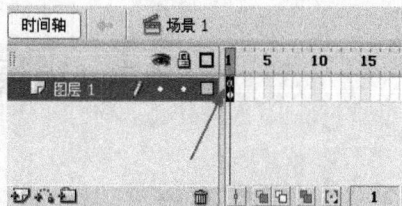

2. 按钮动作脚本

按钮动作脚本是指当按钮发生某些事件时所执行的脚本程序。只有按钮实例才可以添加按钮

图 4-45 添加动作脚本的关键帧

动作脚本。为按钮添加动作脚本的时候要先用"选择工具"将按钮的实例选中。

3. 影片剪辑动作脚本

影片剪辑动作脚本是指当影片剪辑发生某些事件时所执行的脚本程序。只有影片剪辑实例才可以添加影片剪辑动作脚本。为影片剪辑添加动作脚本的时候要先用"选择工具"将影片剪辑的实例选中。影片剪辑动作脚本与按钮动作脚本的使用方法相似。

4.2.3 关键技法——静态文本工具

静态文本一般用于说明内容，制作标题等。

单击工具栏中的 **A** 按钮，在工作区中单击，在文本框中输入文字，如图 4-46 所示。

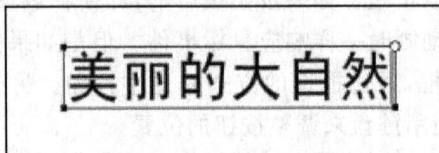

图 4-46　静态文本示例

此时"属性"面板将显示文本属性，如图 4-47 所示。可设置字体的样式、字号、字符间距、字体颜色、字体格式、段落格式等。

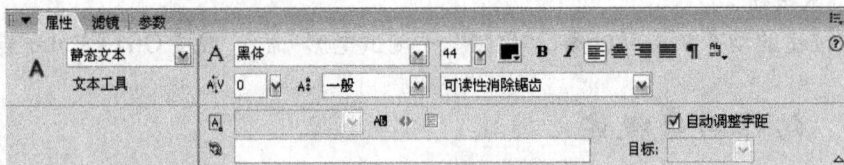

图 4-47　文本属性

4.2.4 素材的准备

本例是手机广告，所以展现物品的实际形象是一个重要的部分，可以从网络上下载手机的图片来制作元件；还要根据广告的内容绘制或创建将出现在动画中的重要元素，以便更好地创建场景。

4.3 拓展训练——电视广告

4.3.1 作品展示

图 4-48 是 TCL 炫系列液晶电视的广告，在中国的传统节日——春节发布，采用了红色作为主色调，突出喜庆与炫目的效果。

图 4-48　电视广告

4.3.2　制作要点提示

① 本例的文档大小可以设置为 350×250 像素，背景颜色为白色。

② 调整"混色器"面板的填充方式，配合"填充变形工具" 在舞台中绘制一个与舞台同样大小的红色渐变的矩形，如图 4-49 所示。

③ 隐藏图层 1，新建图层 2，绘制如图 4-50 所示的椭圆形。

图 4-49　制作背景

图 4-50　绘制图层 2 中的椭圆

④ 新建图层 3，绘制如图 4-51 所示的椭圆形。

图 4-51　绘制图层 3 中的椭圆

⑤ 新建图层 4,绘制如图 4-52 所示的矩形。

⑥ 取消图层 1 的隐藏,新建图层 5,绘制白边,最终效果如图 4-53 所示。

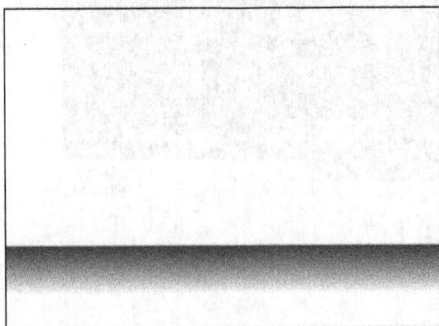

| 图 4-52 绘制图层 4 中的矩形 | 图 4-53 背景的最终效果 |

⑦ 制作文字动画。按 Ctrl+Enter 组合键测试影片,并保存动画文件。

本 章 小 结

本章通过一个网络手机广告的制作讲解,介绍了使用 Flash 设计制作网络广告的基本方法与基本流程。通过一个电视广告动画的制作训练,拓展了知识。通过本章的学习,可以掌握 Flash 在制作网络广告及电视广告方面的应用,加深对 Flash 动画制作应用领域的理解。

本 章 练 习

一、简答题

1. 对于网页分类的交互效果制作,我们一般使用什么元件来完成?

2. Flash 8 中的按钮包括几种状态?简述这几种状态的含义。

3. 什么是动作脚本?Flash 中的动作脚本分为几种类型?

4. 使用 Flash 8 设计制作电视广告与网络广告有什么本质的区别?为什么?

二、上机实训

1. 设计一款化妆品产品广告(素材自定)。

化妆、护肤是永远说不完的话题,护肤品又是人们日常生活中的必需品。为了促进产品销售、提高品牌知名度,商家会运用各种方式宣传自己的产品。本次上机实训的内容就是请你为某一化妆品牌制作一个广告。请根据所学的各种渐变动画,制作一个具有视觉冲击力的化妆品产品广告。

2. 设计一款运动鞋的产品广告(素材自定)。

要表现出此款运动鞋的主要特点及功能,外形设计上的独特之处。

3. 设计制作一款公益广告。

要求：以讲究卫生、遵守社会公德为主题设计制作。

Flash 8 与电子贺卡

1. Flash 8 的画图功能
2. 各个层动画复杂的配合关系
3. 引导层、遮罩层、动作补间、形状补间的组合应用

5.1 电子贺卡制作详解

用 Flash 8 做电子贺卡最重要的是创意,其次才是技术。由于贺卡的特殊性,情节非常简单,影片也很简短,一般仅有几秒钟,不像 MTV 与动画短片有一条很完整的故事线。设计者一定要在很短的时间内表达出意图,并且给人留下深刻的印象。如何在很有限的时间内表达出主题,并把气氛烘托出来,这些都需要通过制作者的思考得到答案。本章将详细介绍工具的使用方法与制作技巧,但是最重要的情节设计与主题表现要由制作者来完成。建议大家多欣赏成功的作品,多从创作者的角度思考问题,才能比较快速地提高自己的水平。

5.1.1 作品展示

贺卡的下方是一个打火机,当鼠标指针放上去的时候,打火机的盖子打开,单击它将点燃爆竹,爆竹爆炸,预示着新年的到来,当爆竹全部爆炸完的时候,出现"恭喜发财"四个红色的字,如图 5-1 所示。

这个动画实现起来技术上要求并不高,但是创意要求却很高,Flash 8 的网页动画在实际制作中也是这样,大量的实用性动画的技术要

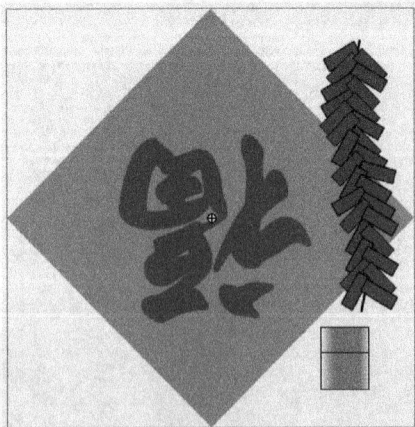

图 5-1 新春电子贺卡

求并不高,关键在于创意。至于动手制作是否顺利只是熟练程度的问题。基本的操作,引导层、遮罩层、动作补间、形状补间的熟练组合应用,加上合适的脚本,常见的 Flash 动画就基本完成了。

5.1.2　制作思路与过程

既然是新春贺卡,就要突出热闹的气氛。爆竹是中国传统节日渲染气氛的最佳物品,"爆竹声中一岁除,春风送暖入屠苏"就是最好的写照。

选用打火机作为整个动画的触发件,是考虑到时代元素。相对火柴来说,打火机更加具有新颖特色,打火机形状规则,绘制也较为简便。

爆竹燃放完毕后,需要对整个贺卡进行意义的诠释,所以最后出现"恭喜发财"四个红色的字。

操作步骤如下。

1. 新建文档

执行"文件"→"新建"菜单命令,打开"新建文档"对话框,在"类型"中选择"Flash 文档"选项,单击"确定"按钮,建立一个新的 Flash 文档。在"属性"面板中进行属性的设置,背景颜色为淡黄色,帧频为 15fps,如图 5-2 所示。

图 5-2　文档"属性"面板

2. 创建素材元件

(1) 编辑并创建第一个图形元件"恭喜发财"

① 执行"插入"→"新建元件"菜单命令,打开"创建新元件"对话框,输入元件名称"恭喜发财",将元件类型选择为"图形",如图 5-3 所示。单击"确定"按钮,建立一个新的图形元件。

② 在"工具箱"中选择"文本工具" A,如图 5-4 所示。

图 5-3　"创建新元件"对话框

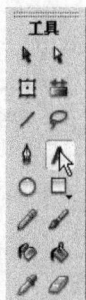

图 5-4　选择工具箱中的"文本工具"

③ 在舞台中间位置单击,并输入文字"恭喜发财"。将文字选中后,在"属性"面板中做相应设置,如图 5-5 所示。

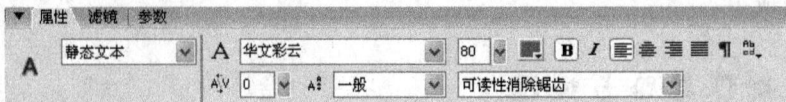

图 5-5 文本工具"属性"面板

设置完成后的效果如图 5-6 所示。

(2) 编辑并创建第二个图形元件"烟雾 1"

① 执行"插入"→"新建元件"命令,打开"创建新元件"对话框,输入元件名称"烟雾1",将元件类型选择为"图形",单击"确定"按钮,建立一个新的图形元件。

② 在"工具箱"中选择"铅笔工具" ,在"选项"的选项中选择"平滑" 选项,如图 5-7 所示。

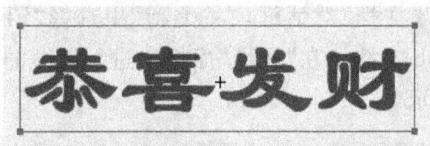

图 5-6 文字效果

图 5-7 选项中的平滑按钮

③ 在"属性"面板中做相应设置,如图 5-8 所示。

图 5-8 铅笔工具"属性"面板

④ 用平滑的"铅笔工具"在舞台中绘制出图形的轮廓,如图 5-9 所示。

图 5-9 烟雾 1 的轮廓

⑤ 选择"颜料桶工具" ,在"混色器"面板中的"类型"下拉列表框中选择"放射状"选项,并将左边的色标设置为白色,"Alpha"值设为"100%";右边的色标设置为红色,

"Alpha"值设为"50％"，如图 5-10 所示。

⑥ 给图形上色，如图 5-11 所示。

图 5-10　"混色器"面板

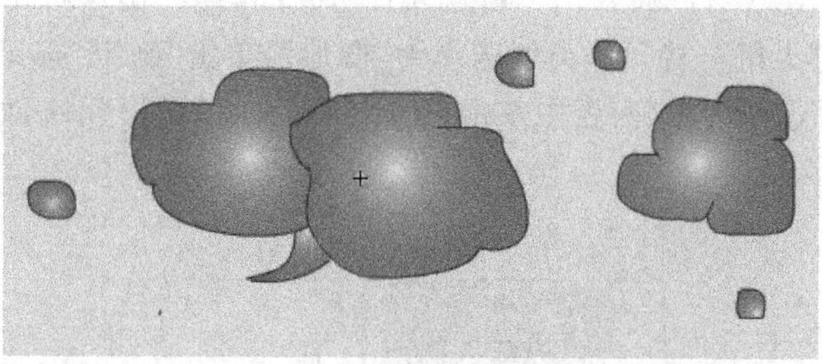

图 5-11　烟雾 1 效果图

（3）编辑并创建第三个图形元件"烟雾 2"

用同样的方法编辑"烟雾 2"图形元件，它也是爆竹爆炸产生的烟雾效果，如图 5-12 所示。

（4）编辑并创建第四个图形元件"关闭的打火机"

① 执行"插入"→"新建元件"命令，打开"创建新元件"对话框，输入元件名称为"关闭的打火机"，将元件类型选择为"图形"，单击"确定"按钮，建立一个新的图形元件。

② 选择"矩形工具" □ 。在"混色器"面板中的"类型"下拉列表框中选择"线性"选项，并设置填充色的相应参数，左右两端色标的颜色参数为"＃000000"，中间两个色标的颜色参数为"＃999999"，如图 5-13 所示。

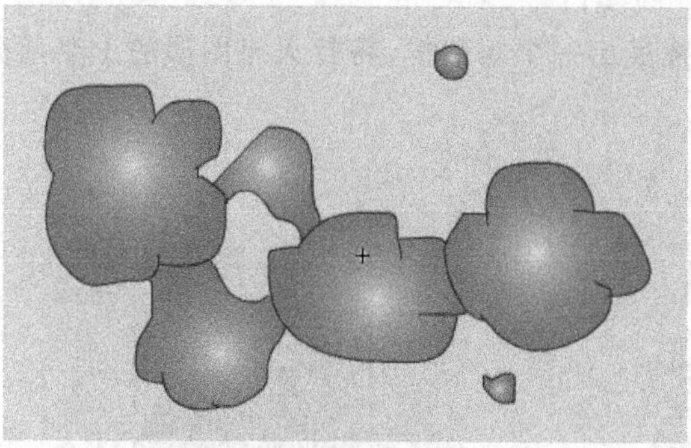

图 5-12　烟雾 2 效果图

图 5-13　"混色器"面板

③ 在"属性"面板中设置笔触的相应参数，如图 5-14 所示。

④ 在舞台中央位置画出矩形的方块，再用"线条工具" ／ 画出一条水平横线，完成打火机的绘制，如图 5-15 所示。

图 5-14　矩形工具"属性"面板

（5）编辑并创建第五个图形元件"打开的打火机"

① 执行"插入"→"新建元件"命令，打开"创建新元件"对话框，输入元件名称为"打开的打火机"，将元件类型选择为"图形"，单击"确定"按钮，建立一个新的图形元件。

② 在"库"面板中双击"关闭的打火机"图形元件，如图 5-16 所示。

图 5-15　关闭的打火机效果图

图 5-16　"库"面板

③ 选择"选择工具" ，在舞台上拖曳出一个矩形框，将打火机图形选中，如图 5-17 所示。

④ 在已经选中的打火机图形上右击，在弹出的菜单中选择"复制"选项。在"库"面板中双击"打开的打火机"图形元件。在舞台区域内右击，在弹出的菜单中选择"粘贴"选项，将打火机粘贴在舞台中央。

⑤ 选择"选择工具" ，在舞台上拖曳出一个矩形框，将打火机图形的上半部分选中，如图 5-18 所示。

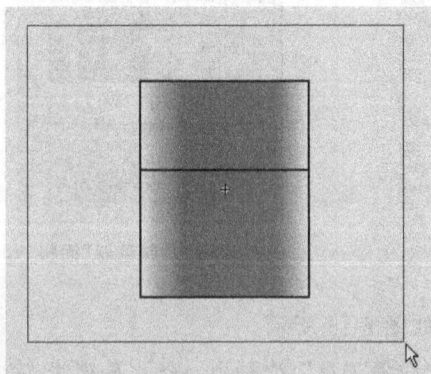

图 5-17　选择打火机对象

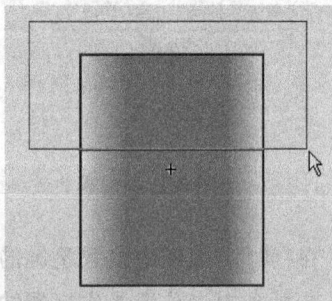

图 5-18　选择打火机的上半部分

⑥ 选择"任意变形工具" ⊞，选中的矩形如图 5-19 所示。

⑦ 把添加了变形框的矩形的中心点移动到左下角，如图 5-20 所示。

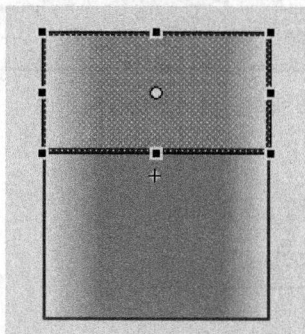

图 5-19　使用"任意变形工具"

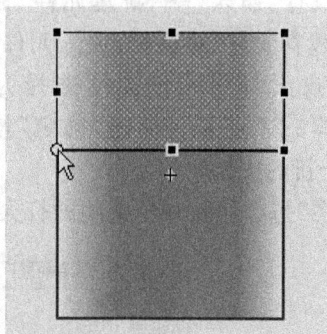

图 5-20　移动中心点

⑧ 把鼠标指针置于变形框的一个角上，对矩形进行旋转，并用"矩形工具" ⬚，添加一个小矩形作为打火机的出火口，制作完成第五个元件"打开的打火机"，如图 5-21 所示。

（6）编辑并创建第六个图形元件"点火的打火机"

① 执行"插入"→"新建元件"命令，打开"创建新元件"对话框，输入元件名称"点火的打火机"，将元件类型选择为"图形"，单击"确定"按钮，建立一个新的图形元件。

② 在"库"面板中双击"打开的打火机"图形元件，将打火机进行复制，并粘贴到"点火的打火机"图形元件中。使用"椭圆工具" ○，在"混色器"面板中的"类型"

图 5-21　打开的打火机效果图

下拉列表框中选择"放射状"选项，笔触颜色选择为"无色"，并设置填充色的相应参数，左端色标的颜色参数为"♯FFFF00"，右端色标的颜色参数为"♯FF0000"，如图 5-22 所示。

③ 添加火焰，制作完成的"点火的打火机"效果如图 5-23 所示。

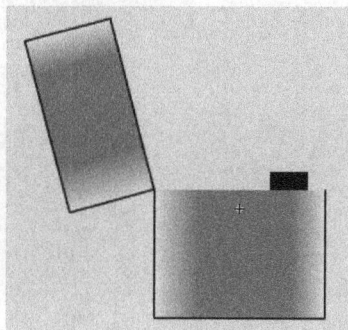

图 5-22　"混色器"面板的参数设置

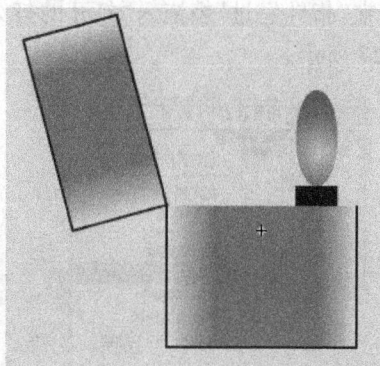

图 5-23　点火的打火机效果图

（7）编辑并创建"按钮"元件"打火机点火"

图 5-24　创建新的按钮元件

① 执行"插入"→"新建元件"命令，打开"创建新元件"对话框，输入元件名称"打火机点火"，将元件类型选择为"按钮"，如图 5-24 所示。单击"确定"按钮，建立一个新的按钮元件。

② 在"弹起"帧中将"关闭的打火机"元件拖入，如图 5-25 所示。

图 5-25　设置"弹起"帧

③ 在"指针经过"帧右击，在弹出的菜单中选择"插入空白关键帧"选项，如图 5-26 所示。

④ 在"指针经过"帧拖入"打开的打火机"，单击"绘图纸外观"按钮，打开洋葱皮功能，如图 5-27 所示。

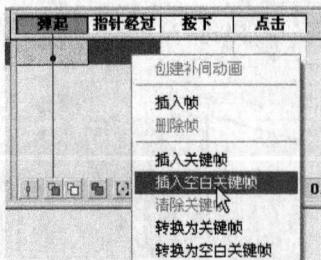

图 5-26　设置"指针经过"帧

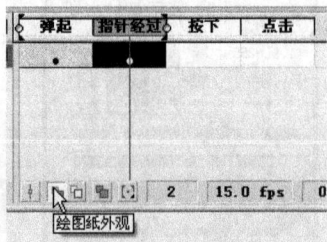

图 5-27　打开洋葱皮功能

⑤ 把"打开的打火机"与前一帧中的"关闭的打火机"以下部的矩形定位对齐,如图 5-28 所示。

⑥ 用同样的方法,在"按下"帧插入空白关键帧并拖入"点火的打火机"元件,并与前两帧中的打火机进行定位对齐,如图 5-29 所示。

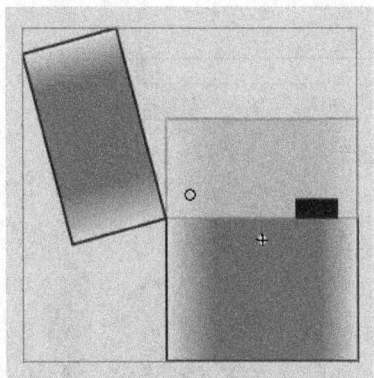

图 5-28　两个打火机图形对齐　　　　图 5-29　三个打火机图形对齐

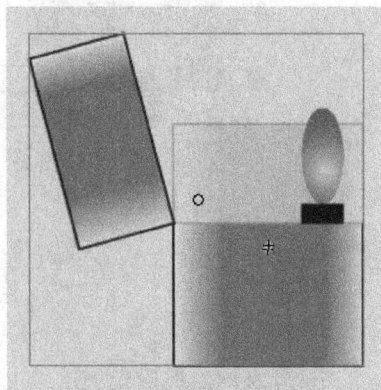

"单击"帧和"弹起"帧内容相同。利用下部的矩形定位,必须保证下部的矩形在四个帧上重合。

(8) 编辑并创建影片剪辑元件"贺卡动画"

① 执行"插入"→"新建元件"命令,打开"创建新元件"对话框,输入元件名称为"贺卡动画",将元件类型选择为"影片剪辑",单击"确定"按钮,建立一个新的影片剪辑元件,如图 5-30 所示。

② 在"贺卡动画"的影片剪辑元件中增加 6 个层,使层的总数变成 7 个。从上到下依次命名为:"爆竹"、"打火机"、"爆竹纸片"、"烟雾 1"、"字体"、"烟雾 2"和"背景",表示的意思跟名字相符,如图 5-31 所示。

图 5-30　创建新的影片剪辑元件　　　　图 5-31　"贺卡动画"元件中的图层

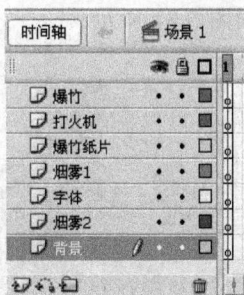

③ 在"背景"层的第 1 帧按 F6 键增加一个关键帧,并且在第 43 帧按 F6 键增加一个关键帧,使"背景"层的内容延续到整个动画过程,如图 5-32 所示。

④ 使用工具箱上的"绘图工具",绘制如图 5-33 所示的图形。选择"爆竹"层的第 1 帧,按 F6 键增加一个关键帧,绘制如图 5-34 所示的图形。

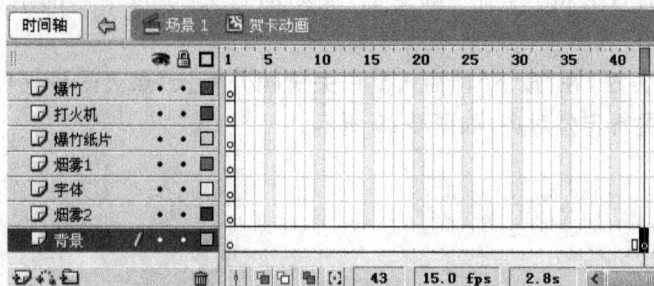

图 5-32　背景层的设置

图 5-33　绘制"背景"层

图 5-34　绘制"爆竹"层

　　⑤ 选择"打火机"层第 1 帧,拖入"打火机点火"元件,调节打火机的大小,并放到适当位置,如图 5-35 所示。

　　⑥ 在"打火机"层第 2、43 帧增加关键帧。单击第 1 帧,在弹出的"动作"面板中添加代码"stop();";单击第 43 帧,并在"动作"面板中添加代码"gotoAndStop(1);",如图 5-36 和图 5-37 所示。

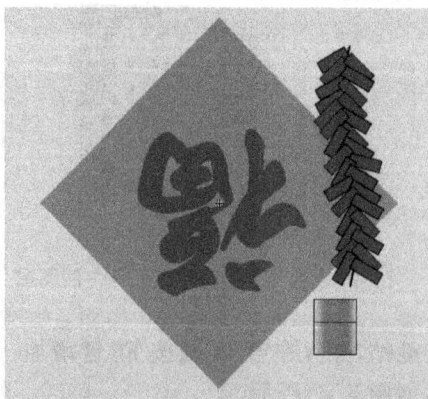

图 5-35　调整"打火机"层

图 5-36　"打火机"层第 1 帧的动作设置

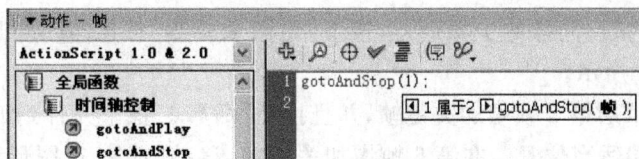

图 5-37　"打火机"层第 43 帧的动作设置

⑦ 选择"字体"层,在第 16 帧处按 F6 键增加关键帧,拖动名为"恭喜发财"的图形元件到合适的位置,并且在"属性"面板上设定 Alpha 值为 20%,并在第 17~20 帧增加关键帧,设定 Alpha 值分别是 54%、75%、100%、100%。

在"字体"层第 43 帧增加关键帧,添加代码"gotoAndStop(1);"。

选择"爆竹纸片"层,在第 16、17 帧增加关键帧,分别绘制如图 5-38 和图 5-39 所示的纸片图形。

图 5-38　"爆竹纸片"层 16 帧

图 5-39　"爆竹纸片"层 17 帧

在"爆竹"层第 2 帧增加关键帧,在爆竹尾部添加一个红色圆形,以示点燃状态,如图 5-40 所示。

在"爆竹"层第 3 帧增加关键帧,将爆竹进行旋转,并删除最下面的两个爆竹。对"爆

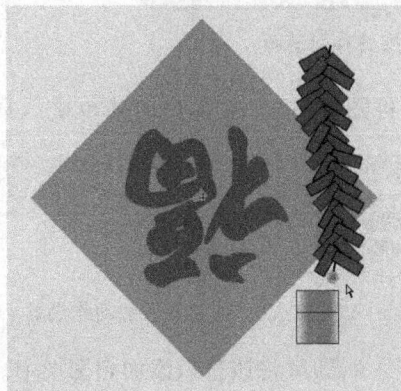

图 5-40　为爆竹添加点火效果

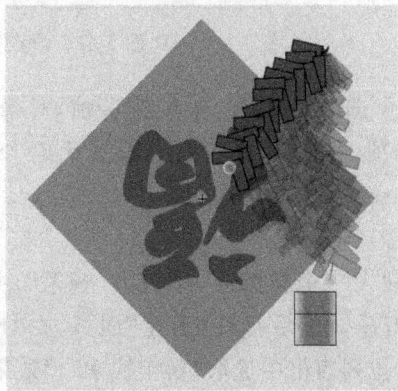

图 5-41　爆竹旋转效果

竹"层的第 4、5、6 帧按同样的步骤进行,按下"绘图纸外观"按钮 🖼 ,可以查看到修改后的效果,如图 5-41 所示。

⑧ 在"烟雾 1"层第 3 帧增加关键帧,并且拖动"烟雾 1"图形元件到工作区,调整其大小并放到爆竹下端适当位置。在第 6 帧增加关键帧,移动"烟雾 1"图形元件到旋转后爆竹的下方。选择第 3 帧,设定动作补间。在"烟雾 2"层进行同样的操作,如图 5-42 所示。

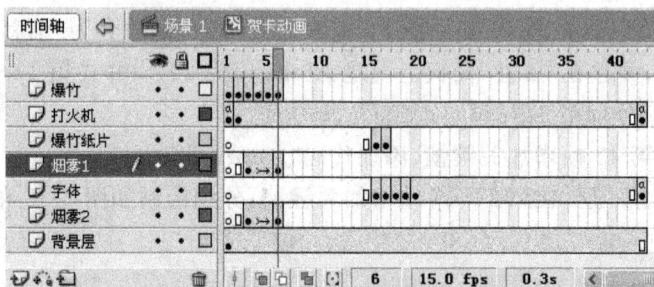

图 5-42　设定"烟雾"层的补间动画

⑨ 在"爆竹"层第 7 帧增加关键帧,将爆竹进行小幅度的旋转,并删除最下面的几个爆竹。用同样的方法对"爆竹"层的第 8~14 帧进行操作,真至爆竹消失。

在"烟雾 1"层第 7 帧和第 10 帧分别增加关键帧,将第 10 帧中的图形变形放大,并将 Alpha 值修改为 0%。选择第 7 帧,创建补间动画。将此步骤复制到第 11~14 帧。用同样的方法对"烟雾 2"层进行操作,如图 5-43 所示。

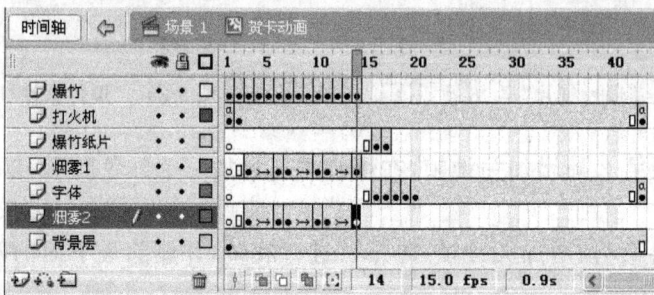

图 5-43　设定完成"烟雾"层的补间动画

⑩ 选择"打火机"层的第一帧,对舞台中打火机图形右击,在弹出的菜单中选择"动作"选项,在"动作"面板中添加代码"on (release){play();}",如图 5-44 所示。

（9）导入音乐

插入一个新图层,命名为"音乐",并导入音乐。然后打开"属性"面板,在"声音"下拉列表框中选取"新年快乐","效果"选择"淡入",即可将该音乐添加到图层中。

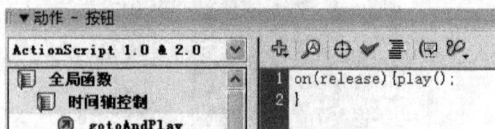

图 5-44　"打火机"按钮元件的动作设置

（10）完成新春电子贺卡的制作

将制作完成的贺卡动画影片剪辑添加到主场景的第 1 帧,完成动画的制作。

5.2　知识讲解——Flash 8 与电子贺卡

5.2.1　电子贺卡的制作思路

电子贺卡相对于传统贺卡更加吸引人的眼球。电子贺卡弥补了传统贺卡色彩不丰富、表现形式单一等不足,以绚丽的色彩、流畅的动画将主题生动地展现出来。适当的交互性,更增加了观看者的亲近感。怎样运用 Flash 8 设计制作一个令人满意的电子贺卡,已经不再是一个高深的专业问题,而日益被具备一定电脑操作技能的人所了解和掌握。下面,就从设计层面来探讨一下电子贺卡的制作思路。

1. 确定电子贺卡的主题

电子贺卡的主题就如同作文的标题或中心思想一样,必须在制作前就予以明确。一般而言可分为:节日类、商务类、个性类几种。

2. 明确电子贺卡的表现形式

根据不同的主题,确定不同的表现形式。

- 节日类的电子贺卡,不同的节日亦要采用不同的形式。如春节电子贺卡以喜庆热闹为主,中秋节电子贺卡以平静温暖为主,情人节电子贺卡以温馨甜蜜为主等。
- 商务类的电子贺卡以庄重大方为主。
- 个性类的电子贺卡以鲜明的个性色彩为主。

3. 确定电子贺卡的基本色调

这一点其实很重要。制作电子贺卡要避免用杂乱无章的色彩堆砌各种元素,那样会使整个贺卡的美观性大打折扣。

一般来说,可根据电子贺卡的主题和表现形式确定整个贺卡的主色调,再以其他色彩为辅,才可制作出令人赏心悦目的电子贺卡。

红色表现喜庆,绿色表现活泼,蓝色表现深沉,黑色表现神秘等。

主题、表现形式和色调定下来后,就可以着手进行素材的准备了。

5.2.2　关键技法

一些基本操作前面章节中已有涉及,这里不再赘述,只介绍两个操作技巧。

1. 旋转对象变形点的设定

使用"选择工具" 选择需要旋转变形的对象,然后在"工具箱"中选择"任意变形工具" ,为对象添加变形框。此时所选对象的中心出现一个白色圆点,即为变形点,如图 5-45 所示。

用鼠标拖动,可将变形点移动到变形框内的任意位置。将光标置于所选对象的任意一个角点附近,当出现 标志时,表示可对对象进行旋转变形了,如图 5-46 所示。

图 5-45 对象的变形点   图 5-46 以变形点为中心旋转变形

如果要对对象进行精确的旋转变形，还可以在"变形"面板
中进行设置，如图 5-47 所示。

2. 图层中对象的透明度设置

选择某图层中一个关键帧，单击"工具箱"中四个绘图工具
中的任意一个，即"铅笔工具"、"刷子工具"、"墨水瓶工具"或
"颜料桶工具"，在"属性"面板的"颜色"类型中选择"Alpha"，
在其后的下拉列表框中设定 Alpha 值，即可改变该帧对象的透
明度，如图 5-48 所示。

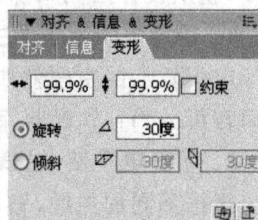

图 5-47 "变形"面板

图 5-48 Alpha 值的设置

5.2.3 素材的准备

Flash 8 中所用到的素材，多数为制作者原创，所以素材的准备过程其实就是一个创
作的过程。

（1）根据电子贺卡的主题，确定素材的具体内容。

（2）根据需要表达的意思，确定素材元件的类型，主要分为"影片剪辑"、"按钮"和"图
形"三种。

（3）制作素材元件。

5.2.4 制作流程

① 编写脚本。确定电子贺卡的主题，编写制作脚本，便于后面按脚本要求进行制作。

② 新建 Flash 文档。启动 Flash 8 程序，执行"文件"→"新建"菜单命令，新建一个

Flash 文档,如图 5-49 所示。

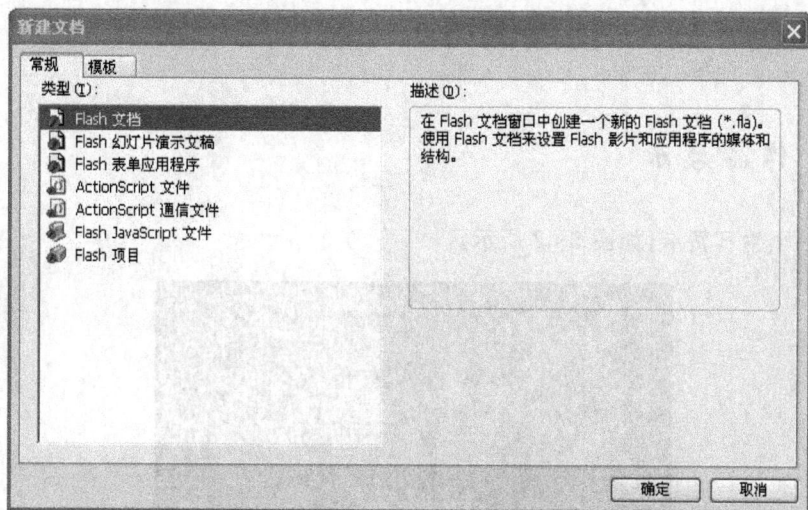

图 5-49　新建 Flash 文档

③ 设置文档属性。执行"修改"→"文档"菜单命令,在打开的对话框中进行文档属性的设置,如图 5-50 所示。

④ 制作电子贺卡元件。执行"插入"→"新建元件"菜单命令,在打开的对话框中设置元件素材的名称和类型,如图 5-51 所示。

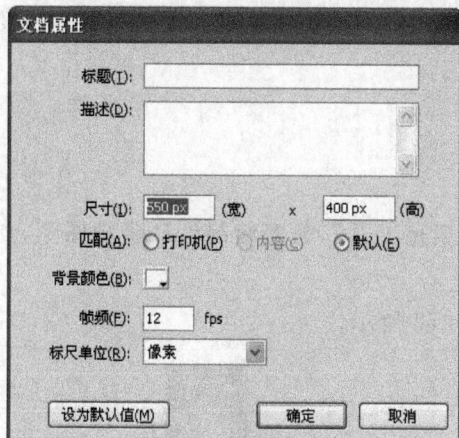

图 5-50　设置文档属性

图 5-51　创建新元件

⑤ 进行新的元件素材的绘制。

⑥ 在"场景 1"中将已绘制的元件进行组合。

⑦ 对已经制作完成的文件进行测试发布并保存。

5.3 拓展训练——制作生日贺卡

5.3.1 作品展示

制作一个生日贺卡,如图 5-52 所示。

图 5-52 生日贺卡

此生日贺卡背景为黑色的星空。大小不一,错落排列的星星在不停地闪动;蜡烛上的火苗随着生日快乐的音乐声左右摇曳,翩翩起舞。本例的制作重点在于火苗的形状变化及星星的闪动。

5.3.2 制作要点提示

① 使用"矩形工具" 🔲 、"铅笔工具" ✏ 和"填充工具" 🖌 等绘制生日蛋糕图形,如图 5-53 所示。

② 使用"矩形工具" 🔲 绘制蜡烛图形,如图 5-54 所示。

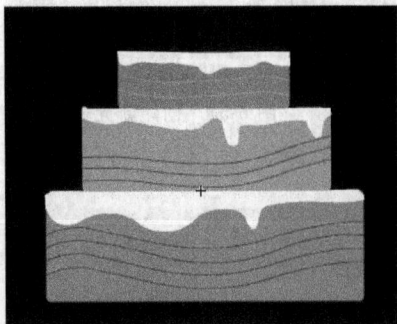

图 5-53 图形元件"生日蛋糕"

图 5-54 图形元件"蜡烛"

③ 使用"椭圆工具" ○ 、"选择工具" ▶ 和"填充工具" ♦ 等绘制火焰形状,如图 5-55
所示。

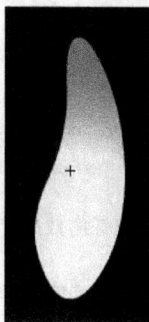

图 5-55　火焰形状

图 5-56　插入关键帧

④ 在第 10 帧和第 20 帧分别插入关键帧,如图 5-56 所示。

⑤ 运用"选择工具" ▶ 对第 10 帧和第 20 帧的火焰形状进行调整,如图 5-57 和
图 5-58 所示。

图 5-57　第 10 帧火焰形状

图 5-58　第 20 帧火焰形状

⑥ 在第 10 帧上右击,在弹出的快捷菜单中执行"复制帧"命令,然后在第 30 帧上右
击,在弹出的快捷菜单中执行"粘贴帧"命令;在第 1 帧上右击,在弹出的快捷菜单中执行
"复制帧"命令,然后在第 40 帧上右击,在弹出的快捷菜单中执行"粘贴帧"命令。分别单
击第 1、10、20 和 30 帧,在"属性"面板的"补间"下拉列表框中列表框"形状"选项,如
图 5-59 所示。

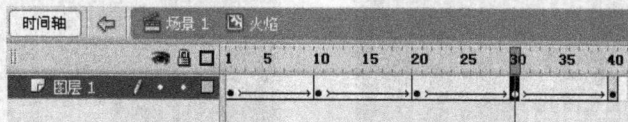

图 5-59　复制帧

⑦ 使用"多角星形工具" ○ 绘制星形形状,如图 5-60 所示。

分别在第 3、5、7、9 帧插入关键帧,并分别将这几帧的星星设置为不同颜色,然后分

别在第 2、4、6、8 帧插入空白关键帧,制作星星闪烁的效果,如图 5-61 所示。

图 5-60 绘制星形形状

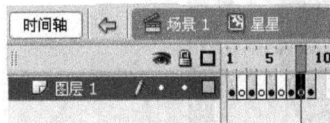

图 5-61 制作星星闪烁的效果

⑧ 返回"场景 1"。把"图层 1"命名为"蛋糕"层。从"库"面板中将图形元件"生日蛋糕"拖到舞台中央下半部分,进行相应的缩放变形。在"蛋糕"层上插入一个新图层,命名为"蜡烛"层。从"库"面板中将图形元件"蜡烛"拖到舞台中,通过缩放、复制、粘贴、移动等操作,将蜡烛摆放在蛋糕上,如图 5-62 所示。

⑨ 在"蜡烛"层上插入一个新图层,命名为"火焰"层。从"库"面板中将影片剪辑元件"火焰"拖入舞台,通过缩放、复制、粘贴、移动等操作,将火焰摆放在每一支蜡烛上,如图 5-63 所示。

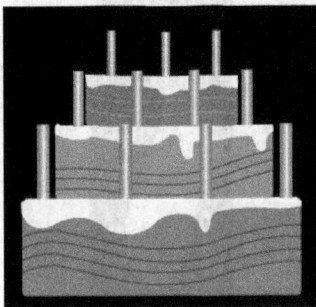

图 5-62 摆放蜡烛

图 5-63 摆放火焰

⑩ 在"火焰"层上插入一个新图层,命名为"星星"层。从"库"面板中将影片剪辑元件"星星"拖入舞台,通过缩放、复制、粘贴、移动等操作,将星星错落地散布在舞台上,如图 5-64 所示。

图 5-64 摆放星星

图 5-65 添加文字

⑪ 运用"文本工具" **A**，在舞台中输入"生日快乐"四个字，调整字体、颜色、字号及位置，如图 5-65 所示。

⑫ 在"文字"层上插入一个新图层，命名为"音乐"层，并导入音乐。然后打开"属性"面板，在"声音"下拉列表框中选择"生日快乐"选项，"效果"选择"淡入"选项，即可将该音乐添加到图层中，如图 5-66 所示。

图 5-66　添加音乐

⑬ 完成后各帧排列如图 5-67 所示。

图 5-67　完成作品各帧排列情况

本章小结

本章通过一个电子贺卡制作的讲解，介绍了使用 Flash 8 制作电子贺卡的基本方法与基本流程，以及制作电子贺卡使用到的主要知识。通过一个生日贺卡的制作训练，拓展了知识。通过本章的学习，可以掌握使用 Flash 制作贺卡的操作技术与设计方法，加深对 Flash 动画制作应用领域的理解及电子贺卡设计与制作基本要求及基本流程的理解。

本章练习

一、简答题

1. 任意变形工具可以进行什么操作？

2. 如果绘制一个矩形，可以使用哪些工具来完成？

3. 能够修改填充渐变色的工具是什么？

4. 怎样绘制出正圆或正方形？

5. 引导层动画的特点是什么？

6. Flash 8 中的元件主要有哪几种？

二、上机实训

1. 制作教师节贺卡。

制作一个送给老师的教师节贺卡，主题可为"老师，您辛苦了！"，如图 5-68 所示。

图 5-68　教师节电子贺卡

贺卡主题为"老师，您辛苦了！"。贺卡中的向日葵和叶子会左右摇摆，太阳的光线也会不停闪烁。制作时要注意，向日葵和太阳的元件类型都应是影片剪辑。向日葵元件和太阳元件的时间轴安排如图 5-69 和图 5-70 所示。

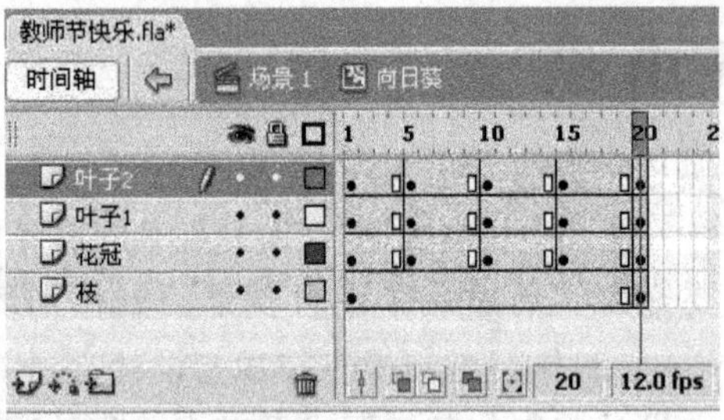

图 5-69　向日葵元件

图 5-70　太阳元件

2. 仿照上例制作一个送给同学或好友的新年贺卡，并使用电子邮箱发送给对方。

第 **6** 章

Flash 8 与 MTV

学习
要点

1. MTV 制作的流程
2. 音乐的导入及属性设置
3. 音乐、图片、文字的整合

当一首自己喜欢的音乐在耳边想起时,经常会在脑中幻想起音乐中的情景,甚至有自己导演 MTV 的冲动,下面就学习使用 Flash 8 制作 MTV。首先要学会用简单的图片制作 MTV。

6.1 "生日歌" MTV 的制作

用图片或者自己保存的照片制作 MTV 动画,首先要对所使用的 Flash 8 软件有所了解,然后配合一些动画实例,才能很好、很顺利地在 MTV 动画中表现出音乐文件所要表达的内容和含义,使音乐文件更加完美。

一个动画短剧或者 MTV 影片通常都需要许多动画元件,要让它们协调地播放,就需要在制作之前经过缜密地构划,否则第一次制作时就会感到手足无措。下面就通过实例来学习"生日歌"MTV 的制作。

6.1.1 作品展示

伴随着"生日歌"音乐的响起,一幅幅生日主题图片伴着歌词用不同的方式展现出来,效果如图 6-1 所示。

图 6-1　MTV 动画效果图

6.1.2　制作思路与过程

　　首先,当你准备好了一个自己喜欢的音乐文件以后,要反复认真地思考音乐文件及歌词内容所要表达的含义;然后,根据所理解的要表达的内容和含义,在网络中搜集与音乐文件及歌词内容相近或者相关的素材。注意:一定要将素材准备充分。

　　由于我们在制作 MTV 动画的过程中,将要使用的是图片或者自己保存的照片,那么就会存在图片或者自己保存的照片本身容量较大的情况。这样,做出来的作品会出现文件大,上传网络困难,不易打开等问题。所以,在准备素材的过程中将图片用编辑器进行更改,然后,将素材整理分类,这样在操作过程中会显得很有条理性而且节省时间。

　　操作步骤如下。

　　1. 新建文档

　　① 新建一个 Flash 文档。

　　② 将场景属性改为大小:450×400 像素,颜色:黑色,如图 6-2 所示。

　　③ 以"生日歌 MTV"为文件名保存文件。

图 6-2　场景属性设置

　　提个醒

　　作品制作一段时间就"保存",或按 Ctrl+S 组合键防止文件因意外而丢失。在创作过程中,如遇到错误,可以按 Ctrl+Z 组合键撤销。

　　2. 制作开场动画

　　① 新建一个影片剪辑,名为"ZG"(烛光的缩写),制作一个如图 6-3 所示的三帧逐帧动画。

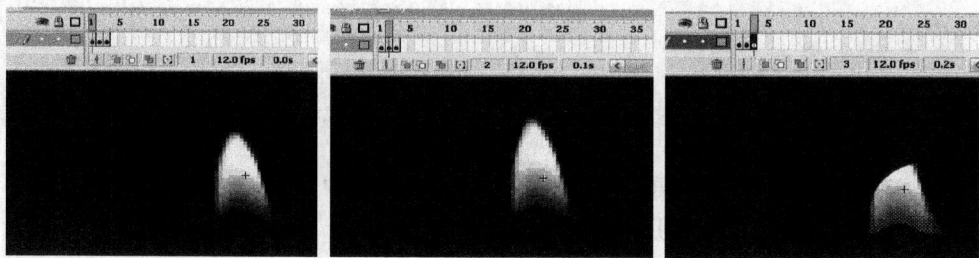

图 6-3　烛光影片剪辑制作效果

② 转到场景，将"ZG"拖至场景中排成如图 6-4 所示的心形，并将图层名称改为"烛光"。

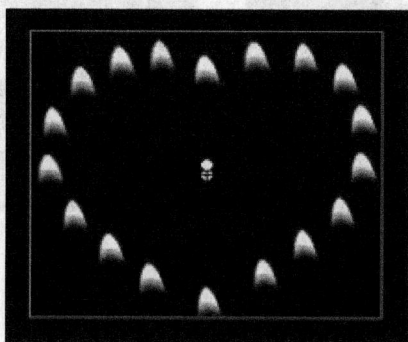

图 6-4　烛光的排列

③ 新建一个影片剪辑，名为"开场文字"，建立如图 6-5 所示的字幕，并设计遮罩动画让其效果为从左向右拉开字幕。

图 6-5　字幕效果

提个醒

一定要在该影片剪辑的最后一关键帧处添加脚本语言"stop();"。

④ 回到场景,添加图层,再将"开场文字"拖到心形的中间。

⑤ 新建一按钮,如图 6-6 所示,用来控制转到播放场景

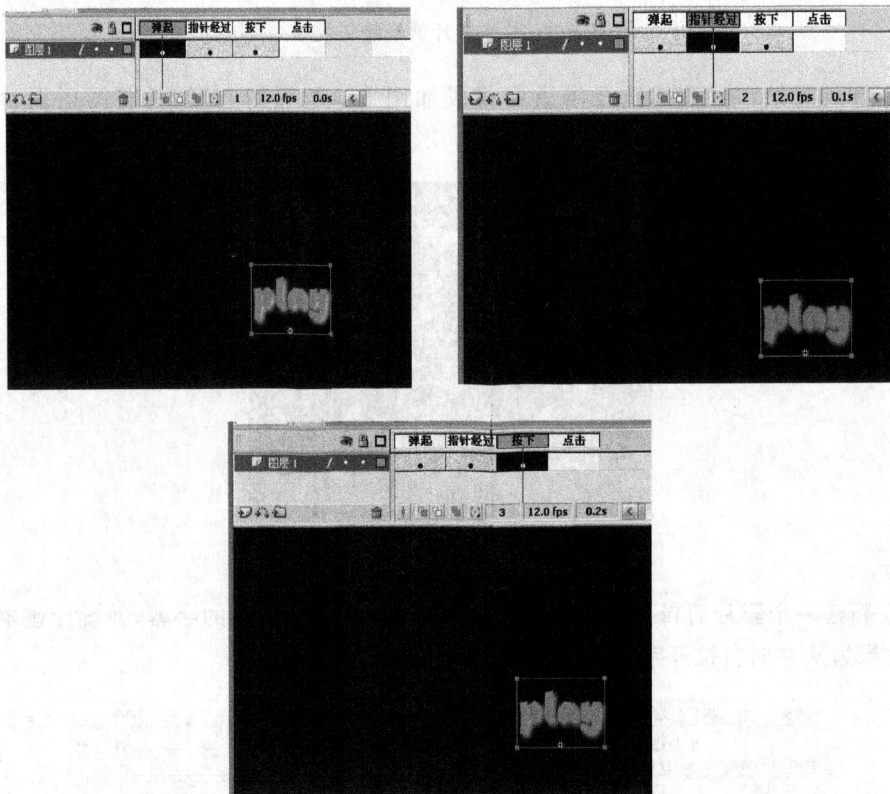

图 6-6　播放按钮的制作

⑥ 回到场景,添加图层,名为"按钮",将按钮拖入此图层,并放置在心形的下方,时间轴安排如图 6-7 所示。

⑦ 添加脚本语言。

脚本 1:任选一层,在最后的关键帧上单击,在动作面板中添加脚本语言"stop();"。

脚本 2:选中场景中的按钮为其添加脚本语言"on(release){nextScene();}",表示鼠标按下就转到下一场景。

3. 制作 MTV 主场景

(1) 插入新场景

执行"插入"→"场景"菜单命令,插入新的场景。

(2) 导入音乐

执行"文件"→"导入"→"导入到库"菜单命令,如图 6-8 所示。

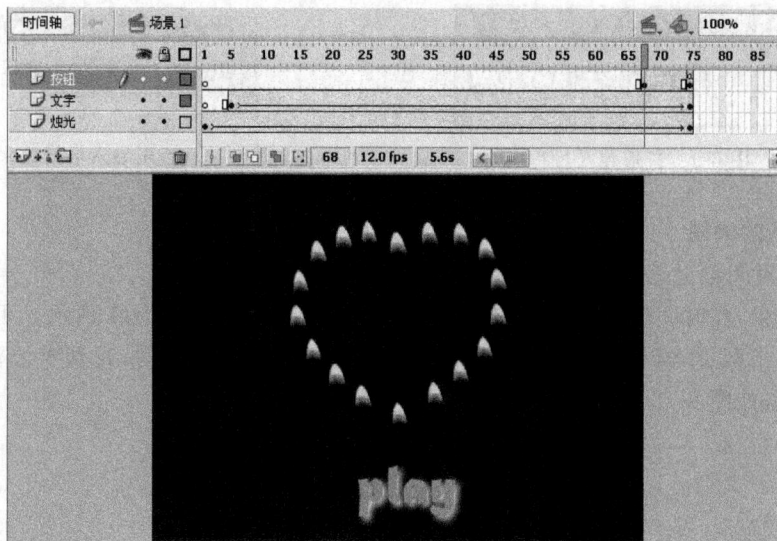

图 6-7　按钮时间轴安排

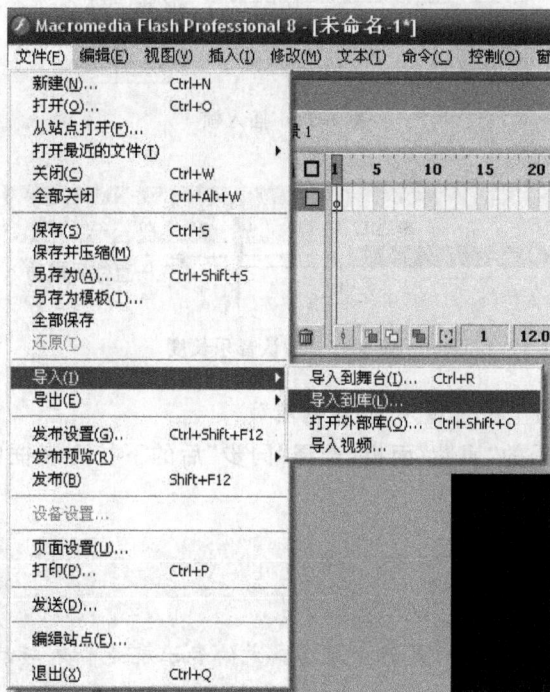

图 6-8　导入音乐

　　选择计算机中准备好的"生日歌"的音乐文件,打开会出现如图 6-9 所示的界面。

　　打开"窗口"→"库"面板,或按 Ctrl＋L 组合键打开"库"面板,可以看到"生日歌"的一个音乐元件。将这个音乐元件拖入场景中,可以看到在时间轴的第一帧上出现一道横线,如图 6-10 所示。音乐导入成功,将图层改名为"音乐"。

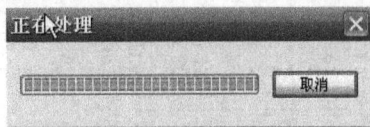

图 6-9　音乐导入过程

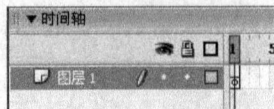

图 6-10　音乐导入场景效果图

4. 音乐的编辑

（1）在时间轴上编辑"音乐"图层

回到场景，在时间轴上"音乐"层的第 10 帧处"插入帧"，如图 6-11 所示。可见音乐的声波延长到了第 10 帧，接下来选择第 10 帧，用鼠标一直往后拖动，直到声波消失为止，约为 697 帧，如图 6-12 所示。

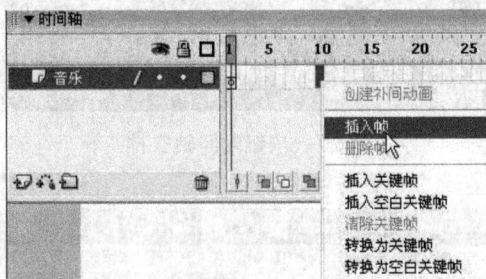

图 6-11　插入帧

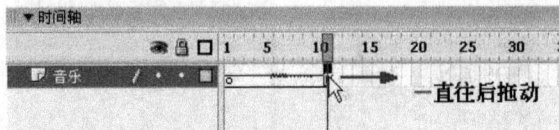

图 6-12　确认音乐长度

（2）在"属性"面板上设置音乐为"数据流"

打开"生日歌"音乐的"属性"面板，选择"同步"后的下拉列表框中的"数据流"选项，如图 6-13 所示。

> **提个醒**
>
> 在此处设置数据流的目的是因为数据流式的音乐就是音乐与动画同步播放，动画停止音乐也随之停止，再继续播放动画时音乐也会从刚才的停顿处接着播放。

其他选项的含义如下。

- "事件"。把声音与事件的发生同步起来，与动画时间轴无关。一发生就一直播放下去，除非有命令使它停止。
- "开始"。与"事件"唯一不同之处在于到达声音的起始帧有别的声音播放，则该声音不播放。

• "停止"。顾名思义是指定声音不播放。

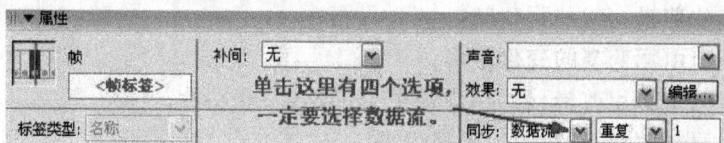

图 6-13　设置音乐同步属性

（3）在"库"面板中设置"生日歌"音乐属性

打开"库"面板，双击"生日歌"音乐元件左边的喇叭图标，打开"生日歌""声音属性"面板，设置如图 6-14 所示的属性。

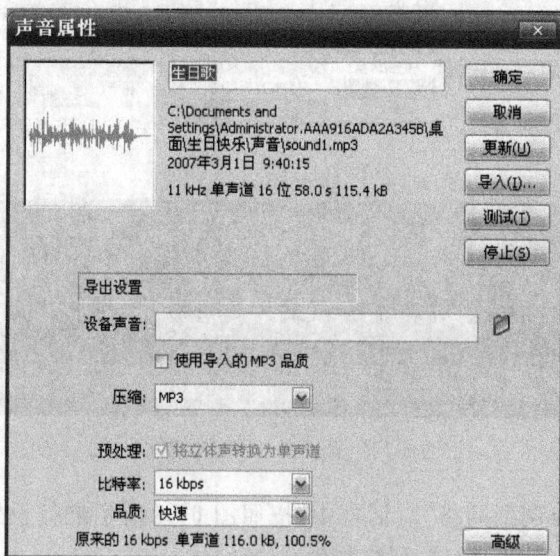

图 6-14　音乐元件属性设置

提个醒

比特率越大，音质越好，但文件体积也越大，这就是许多人发布的 Flash 文件较大的原因。

（4）记录音乐转换帧

按 Enter 键，仔细听音乐，记下歌词转换的时间帧，音乐播放过程中可随时按 Enter 键停止。

（5）加载图片

将收集好的素材图片导入到库，并制作图片切换效果。

效果 1（从暗到明）：将图片转换为元件，在第一帧选中元件，在属性中将颜色选项中的 Alpha 值改为 0%。

效果 2（从无到有）：利用遮罩动画来实现（前面章节已讲过）。

效果 3(百叶窗)：百叶窗效果制作步骤如下。

① 新建影片剪辑，名为"百叶"。

② 制作一个由宽变窄的变化矩形。

③ 再新建一个影片剪辑，名为"背景 4"，先导入一张图片。

④ 添加图层，将"百叶"影片剪辑拖进来。

⑤ 选中矩形，将其属性中宽度设置为图片高度，高度为图片宽度的公约数。

⑥ 执行"插入"→"时间轴特效"→"帮助"→"复制到网格"菜单命令，如图 6-15 所示。

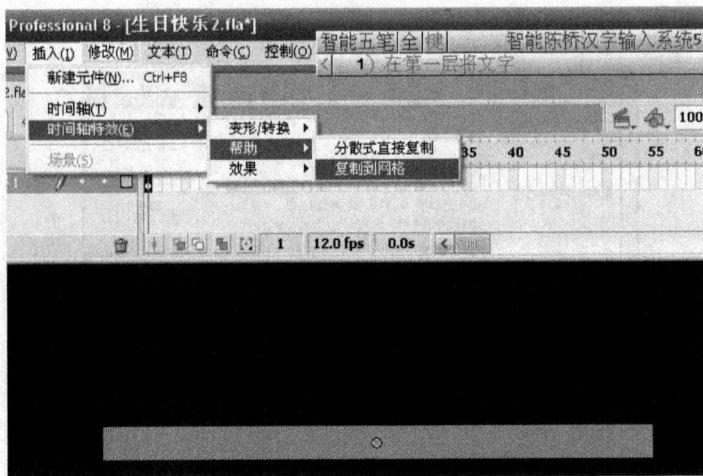

图 6-15　百叶窗效果特效制作

在系统打开的"复制到网格"对话框中，按照图 6-16 所示进行设置，网格尺寸：行数为 15，列数为 1，网格间距：行数、列数都为 0。

图 6-16　特效属性设置

⑦ 将"百叶"层设为"遮罩层"。

⑧ 打开"百叶"影片剪辑,选择所有帧,右击执行"反转帧"命令,这样才能做出百叶窗效果,显示出图片。

最后将做好的效果影片剪辑拖动到场景,并分配到各图层,按歌词的变化,设置相应的时间帧段。

（6）加载歌词

在场景 2 中添加一图层,改名为"歌词背景"。选择"矩形工具",画一宽为 450、高为57,填充色为"♯99CCCC"的矩形,并转换为图形元件。在场景中选中矩形,在"属性"面板将"颜色"的 Alpha 值设为 30%。

根据所选歌曲,本歌只有两句歌词,所以新建两个影片剪辑,分别作出效果。操作步骤如下。

① 新建影片剪辑,名为"歌词 1",在第一层将文字输入好,并设好格式。

② 添加图层,画一由短变长的矩形,设补间动画的长度比歌词播放的长度略长。并根据歌词播放的进度,设多段补间,并设歌词层为遮罩层,如图 6-17 所示。

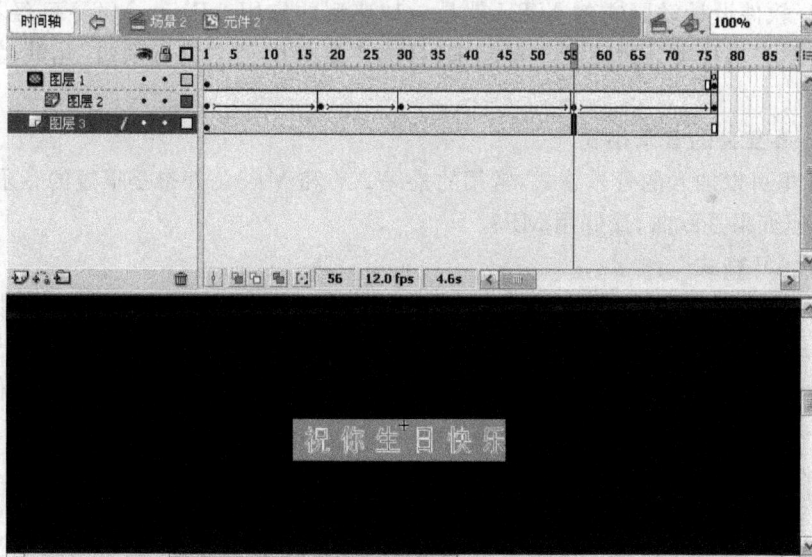

图 6-17　歌词效果

③ 如要做出如卡拉 OK 的效果,将歌词层复制到图层 3。第二句歌词影片剪辑操作同上。

④ 将做好的歌词影片剪辑拖动到场景,并分配到各图层,按歌词的变化,设置相应的时间帧段。

至此,"生日歌"的 MTV 全部制作完毕,至于音乐与歌词、歌词与图片配合的效果,就要靠自己去细细体会。熟能生巧,经过多次实践一定能做出各种有自己风格的Flash MTV。

6.2 知识讲解——Flash 8 与 MTV

6.2.1 MTV

1. MTV 简介

MTV 是英文 Music TV 的简写，直译是音乐电视，原来指配上精美画面的音乐节目。最早出现于美国有线电视网开办的一个新栏目——MTV，内容都是通俗歌曲，由于节目制作精巧，歌曲都是经过精选的优秀歌曲，因此观众人数直线上升，很快就达到数千万。之后，英国、法国、日本、澳大利亚等国家的电视台也相继开始制作播放类似的节目，并为 MTV 的制作定型，即用最好的歌曲配以最精美的画面，使原本只是听觉艺术的歌曲，变为视觉和听觉结合的一种崭新的艺术形式。随着计算机技术的不断发展，多媒体功能的不断增强，MTV 已经不仅局限于电视节目，人们使用计算机技术丰富了 MTV 的内涵，使用 Flash 软件设计动画式的 MTV 就是一种典型的应用。Flash MTV 已经不仅局限于音乐电视，它的种类开始逐渐丰富起来，目前主要有中英文流行歌曲、儿歌、教学顺口溜、诗歌等。

2. Flash 支持的音乐格式

Flash 里可以加入的音乐格式，常用的是 WAV 和 MP3。如果是很短的音乐，可以使用 WAV；但如果是歌曲，最好用 MP3。

（1）WAV 格式

WAV 是微软公司开发的一种声音文件格式，用于保存 Windows 平台的音频信息资源，被 Windows 平台及其应用程序所支持。此类文件的扩展名为.wav，该格式记录声音的波形，故只要采样率高、采样字节长、机器速度快，利用该格式记录的声音文件能够和原声基本一致，质量非常高。

（2）MP3 格式

MP3 格式诞生于 20 世纪 80 年代的德国。所谓的 MP3 就是 MPEG-1 标准中的音频部分，也就是 MPEG 音频，根据压缩质量和编码处理的不同分为三层，分别对应"*.mp1"、"*.mp2"、"*.mp3"这三种声音文件。MPEG 音频文件的压缩是一种有损压缩，MPEG-1 Audio Layer3，即 MP3 音频编码具有 $10:1\sim12:1$ 的高压缩率，同时基本保持低音频部分不失真，但是牺牲了声音文件中 12kHz～16kHz 这部分高音频的质量来换取文件的尺寸较小，相同长度的音乐文件，用 MP3 格式来储存，一般只有 WAV 文件的 1/10。由于其文件尺寸小、音质好，因此在它问世之初还没有其他音频格式可以与之匹敌，因而为 MP3 格式的发展提供了良好的条件。直到现在，这种格式还风靡世界，其主流音频格式的地位难以被撼动。因其压缩率大，在网络可视电话通信方面应用广泛，但和 CD 唱片相比，音质不能令人非常满意。

6.2.2　关键技法

在用 Flash 8 制作 MTV 的过程中，主要的核心技法有以下几种。

（1）音乐导入后，"同步"属性一定要选择"数据流"选项。

（2）音乐元件"声音属性"面板中比特率设置要适当，如图 6-18 所示。

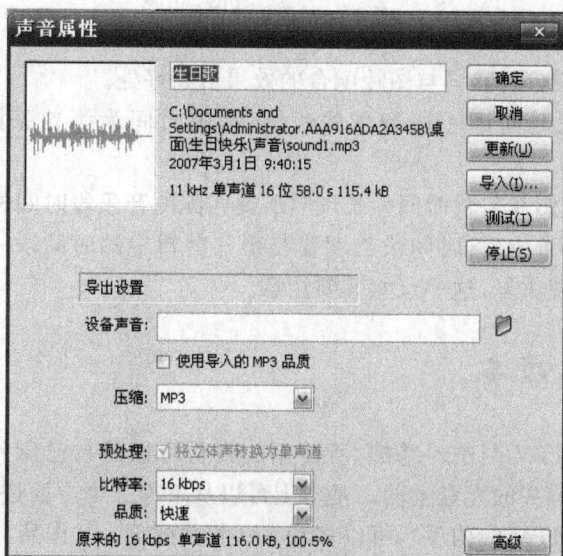

图 6-18　音乐元件"声音属性"中比特率的设置

（3）如果一个动画在场景中只做一次不重复，那么应该找到这个动画的影片剪辑元件里的最后一帧为关键帧的图层，并在这些图层中的任意一图层中的最后一帧添加脚本"stop()；"，如图 6-19 所示。

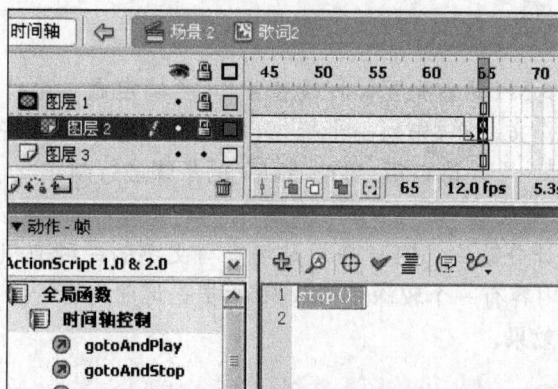

图 6-19　影片剪辑的动作-帧设置

（4）用 Enter 键控制播放音乐并记录每句歌词的时间帧的长度。

一般音乐层的波形趋于平稳既成一直线时，就表明一段音乐就要停止，另一段音乐即将开始,如图 6-20 所示。

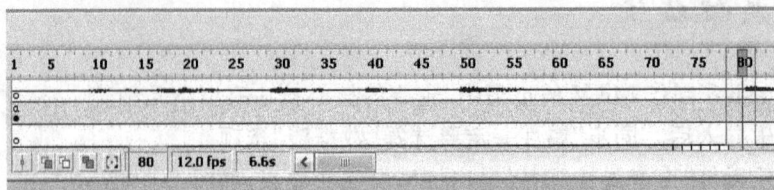

图 6-20　音乐的记录

(5) 要使音乐与歌词、歌词与图片配合的效果恰到好处。

一幅图片的出现时间即一段音乐的时间;消失时间为第二张图片完全出现后的时间。

百叶窗等特效的影片剪辑时间帧长度与所要匹配的音乐段时间相同。

影片剪辑拖入场景中后,时间段长度要与影片剪辑中的时间段一致,否则短了会播放不出来,长了会出现重复,这一点尤其要注意。

6.2.3　素材的准备

素材的准备是 MTV 制作的基础,所使用的素材可以是自己制作的,也可以是引用的,如网络下载的或购买的光盘上的。基本上可以从下面三个方面进行素材准备。

(1) 准备脚本(MTV 的构思),可以多看一些相关的 Flash 作品,从中获取灵感,融入自己的创意,构思出精彩的片段及情节。

(2) 准备元件,根据构思准备需要的元件,位图如果要做出效果必须要转换成图形元件。

(3) 准备代码,根据构思准备需要的代码,如进度条、场景之间切换的代码等。

6.2.4　制作流程

使用 Flash 8 制作 MTV 首先要做好准备工作,要确定做一个什么类型的 MTV,是给谁看的。就如同写作文一样,先列一个提纲,思考其中应该设计些什么剧情或制造什么效果等,把这些想好一个轮廓以后,再按照以下的步骤进行制作。

1. Flash MTV 场景规划

场景规划就是设计分镜头,MTV 通常是场景与文字的一种有机组合。场景规划时需要对 MTV 文字的内容有一个较深刻的认识,再根据词曲内容配上一定的场景,才能演示出较为深刻的意境效果。

2. 收集素材

素材的收集主要根据 MTV 的内容来定,可以是生活照片、风景图片、卡通造型、随手的涂鸦等,关键是能够与 MTV 所要表达的内容相一致。

3. 素材加工、处理

主要指音乐的转换、图片大小的统一、素材的分类管理等。

4. 分别制作

分别制作场景效果、歌词效果。

5. 整体整合

将场景效果歌词效果有机地组合。

115

6.3　拓展训练——奥运宣传 MTV

大多数 MTV 的制作都异曲同工，但却给人的感觉不一样，主要是片头及内容的设计能否吸引人的眼球。通常发现大多数 Flash 的片头都做了加载（Loading）动画，因为网络中的 SWF 影片是可以实现边下载边播放的，由于受到当前网络传输的制约，对于大容量的影片，这种实时播放并不理想。为避免受众等待，Flash 制作人员往往设计一个加载的画面，等影片的全部字节下载到本地后再播放，从而保证影片的播放质量。下面的练习中主要介绍进度条的制作方法。

6.3.1　作品展示

这是一个有关奥运宣传的 MTV，该作品通过五个福娃的动画、语言设计，配以相应的音效，达到宣传"迎奥运、讲文明、树新风"主题的效果，如图 6-21 所示。

图 6-21　"迎奥运、讲文明、树新风"作品展示

图 6-21 （续）

6.3.2 制作要点提示

1. 打开 Flash 8,将"库"中做好的"预载框"元件拖入主场景中

这里我们简单地讲述一下预载框的制作。

① 新建一个图形元件,名为"预载框"。

② 使用"矩形工具","边角半径"设置为"10"点,如图 6-22 所示。在场景中画一矩形。

③ 设置矩形属性,填充色设为无色,笔触颜色设为"♯666666",笔触高度为"10",并将其 X、Y 坐标都设为 0,如图 6-23 所示。

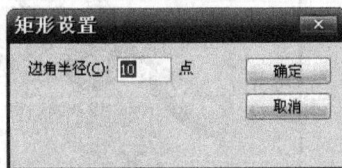

图 6-22 设置边角半径

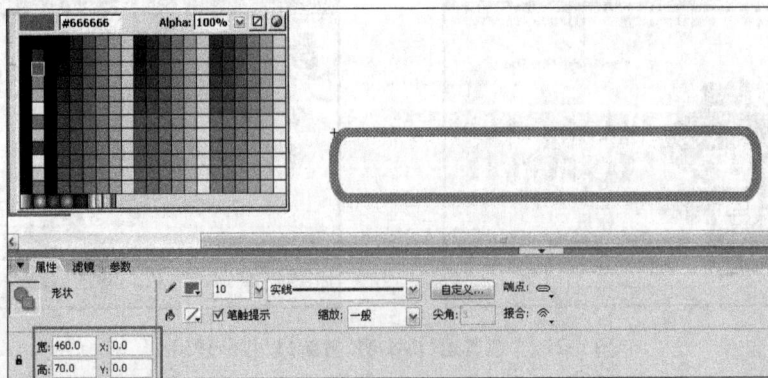

图 6-23 设置矩形属性

④ 将矩形转换为图形。

⑤ 使用"线条工具"在如图 6-24 所示的位置画两条白线,分别将两条白线转换为影片剪辑,设滤镜效果,如图 6-24 所示。

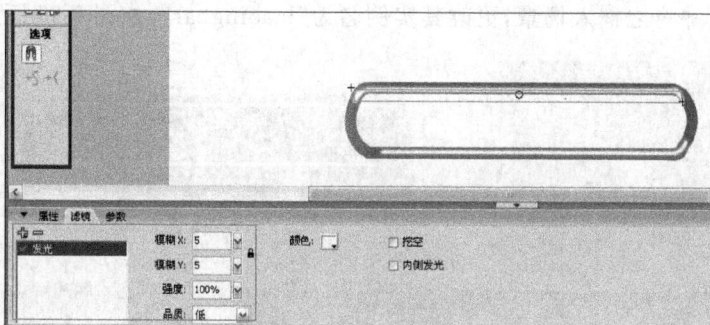

图 6-24　添加含滤镜效果的白线

⑥ 将白线与矩形一起转换成影片剪辑,并设置滤镜效果,如图 6-25 所示。

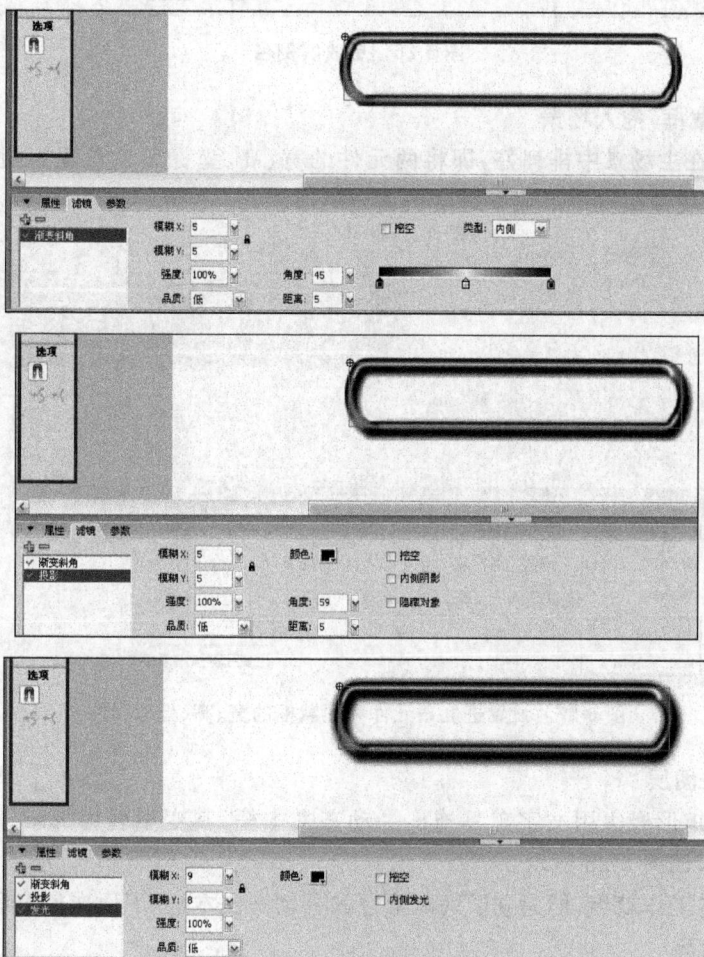

图 6-25　设置矩形滤镜效果

这样一个立体感较强的预载框制作完成。

2. 新建一名为"进度条"的影片剪辑

在主场景中使用"矩形工具"画出一个只有红色填充而无边框的矩形,设其 X 坐标为 0、Y 坐标为 0,并将之拖入场景,更改其实例名为"loadingbar",如图 6-26 所示。

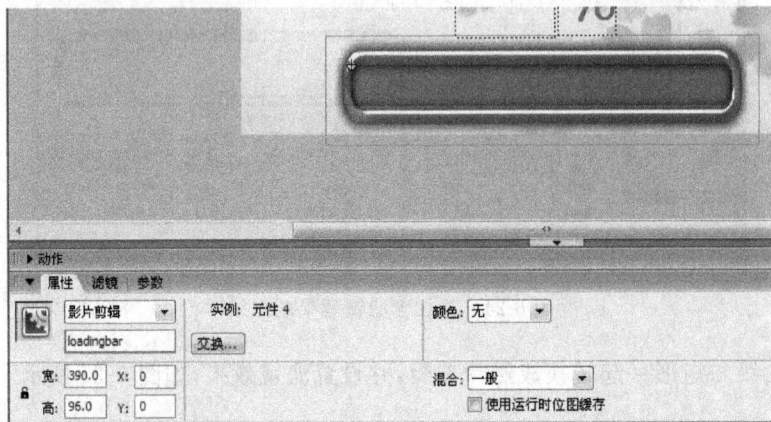

图 6-26　更改实例名

3. 将"预载框"拖入场景

将两元件在主场景中排列好,即将两元件的宽、高、坐标属性设置为相同的数值,如图 6-27 所示。使预载框矩形嵌套进度条填充矩形。

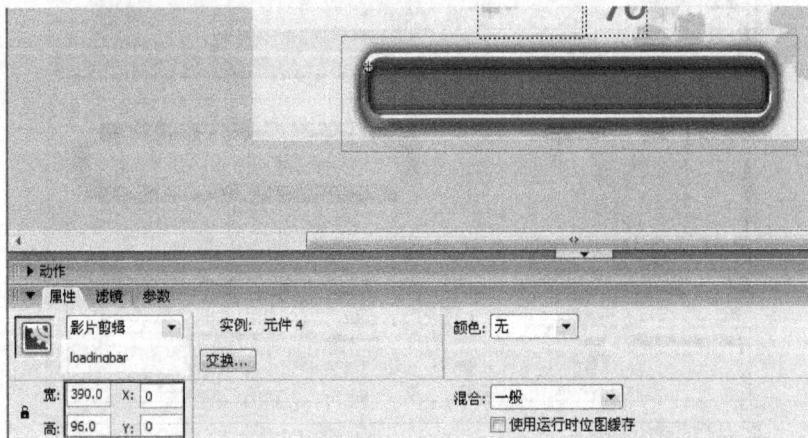

图 6-27　设置进度条元件和预载框的宽、高、坐标属性

4. 添加一图层

在上述两矩形旁边用文字工具拖出一动态文本框,其变量名为"pre"。并在旁加一静态文本"%",如图 6-28 所示。

至此,准备工作就绪,即建立了两矩形框和一动态文本框,下面准备编写代码。

5. 输入代码

在主场景中,新建一层,选中该层第 1 帧,按 F9 键打开动作脚本编辑窗口,输入以下

图 6-28　更改变量名

代码。

```
this. onLoad＝function(){myBytesTotal＝_root. getBytesTotal();}
this. onLoad();
this. onEnterFrame＝function(){
myBytesLoaded＝_root. getBytesLoaded();
loadingbar_xscale＝myBytesLoaded/myBytesTotal＊100;
per＝Math. round(loadingbar_xscale);
this. loadingbar. _xscale＝loadingbar_xscale;
this. loadingbar_per＝per＋"％";
if(myBytesLoaded＝＝myBytesTotal){delete this. onEnterFrame; root. nextFrame();}
else{this. stop();}　}
```

各段代码的含义如下:

(1) this. onLoad＝function(){myBytesTotal＝_root. getBytesTotal();}

此段代码是指当影片剪辑(本例指两矩形和一动态文本框所存在的主场景)加载时,读取主时间轴存在的所有元素的总字节数并赋值给变量 myBytesTotal。

(2) this. onLoad();

Flash 事件处理函数 MovieClip. onLoad＝function(){...}有些奇怪,其中设置的代码,若不在后面加上 this. onLoad();,这些代码并不能执行,因此加上这一句以便这些代码得以执行。

(3) myBytesLoaded＝_root. getBytesLoaded();

读取主时间轴存在的所有元素已加载的字节数,并将其赋值给变量 myBytesLoaded。

(4) loadingbar_xscale＝myBytesLoaded/myBytesTotal＊100;

将 myBytesTotal 折算成 100 时,myBytesLoaded 所得到的折算值赋给变量 dingbar_xscale,以便给主场景中 loadingbar 的_xscale 赋值(_xscale 的最大值只能为 100),这里用到了初等数学的比例计算。

（5）per＝Math. round(loadingbar_xscale)；

将变量 loadingbar_xscale 的值取整后赋给变量 per，以便显示的百分比不带小数。

6. 从主场景时间轴第 2 帧起制作你的 Flash 影片

① 添加音乐层，将库中的三段音乐分别在时间轴第 60、110、164 帧处拖入场景，如图 6-29 所示。

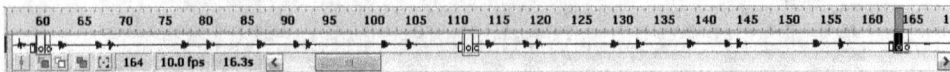

图 6-29　添加音乐

② 将每段音乐选择"同步"下拉列表框中的"数据流"选项。

③ 将做好的每个影片剪辑配合音乐的播放时间分别以单独图层的形式添加到场景中。

这样一个精彩的以"迎奥运、讲文明、树新风"为主题的 Flash 制作完成。

本 章 小 结

本章通过一个"生日歌"MTV 的制作实例讲解了使用 Flash 制作 MTV 的方法与思路，理解了一个好的 MTV 就是一个多种动画特效的综合应用作品，有时还需要加入一些脚本来控制动画的进程，本章中的实例加入了简单的交互动画的操作，目的在于巩固和加强对按钮元件的创建和动作设置、移动过渡动画的制作、形状变形动画的制作等知识点的理解及应用能力，并新授了在动画中添加音乐的方法、影片剪辑元件的应用、添加预载动画的操作技能。使学习者进一步提高了动画创作的熟练程度，同时也认识到了一些动画制作的新思路和新方法。要想不断提高自己的动画制作水平，还需更进一步地学习与借鉴他人的制作经验，取长补短，才能设计制作出更好的动画作品。

本 章 练 习

一、简答题

1. 如何在场景中添加多个声音效果？添加后的属性应如何设置？

2. 影片剪辑拖入场景时，应在时间帧的设置上注意哪些问题？

3. Flash 支持的音乐格式主要有哪些？

二、上机实训

制作一个如图 6-30 所示有关荣辱观的 MTV 作品，要求情节贴近日常生活，有良好的声音效果。

图 6-30　荣辱观 MTV 作品

第 7 章

Flash 8 与网站设计

1. 了解网站主页及全网站的制作流程
2. 掌握网页中导航条的制作
3. 掌握网页元素之间链接的基本用法

7.1 "小荸荠工作室" 网页设计

Flash、Dreamweaver 与 Firework 统称为网页三剑客,可见,Flash 的网页制作功能是非常强大的。用它制作的网页绚丽多彩,可以很好地兼容 Flash 动画,动感十足。通过对色彩、图形、网页文字、按钮的摆放,内容气氛的把握,Flash 8 可以制作出精美的网页。

7.1.1 作品展示

本例为一个学习交流型网页,网页布局采用了最常用的 T 型布局,通过文字的链接,链接到网站中的其他网页,场景如图 7-1 所示。

7.1.2 制作思路与过程

Flash 网站基本以图形和动画为主,所以比较适合做那些文字内容不太多,以平面、动画效果为主的应用。如:企业品牌推广、特定网上广告、网络游戏、个性网站等。

制作 Flash 网站和制作 HTML 网站类似,事先应先在纸上画出结构关系图,包括:网站的主题,要用什么样的元素,哪些元素需要重复使用,元素之间的联系,元素如何运动,用什么风格的音乐,整个网站可以分成几个逻辑块,各个逻辑块间的联系如何,以及打算用 Flash 建构全站还是只用其做网站的前期部分等,都应在考虑范围之内。

操作步骤如下。

图 7-1　"小荸荠工作室"网页

1. 背景的制作

① 新建一个 Flash 文档，要让最终的网页能在浏览器中占满，所以选择文件的大小为 759×569 像素，帧频默认为 12fps。背景颜色为＃9cd9c8，将第一层改名为"背景"。

② 在"背景"层中添加一矩形，参数设置如图 7-2 和图 7-3 所示。

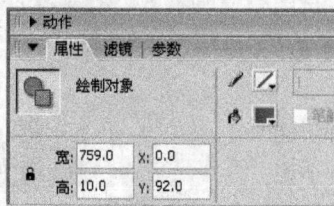

图 7-2　矩形条大小位置的设置

图 7-3　矩形条颜色设置

③ 新建一图形元件，名为"文字 1"。

④ 在"文字 1"利用文本工具拉一个框，输入文字"小荸荠工作室"。

⑤ 回到场景，打开"库"将"文字 1"元件拖到如图 7-4 所示的位置。

⑥ 在场景中添加一图层，名为"图片"，为了让主页添加一些动感效果，利用第六章所学内容做了一个"图片浏览"的影片剪辑。这里不再讲述如何制作。将库中的"图片浏览"影片剪辑拖到如图 7-5 所示的位置。

图 7-4　文字 1 位置

图 7-5　图片的位置

2. 导航条的制作

① 新建一矩形元件,颜色设置如图 7-6 所示,命名为"导航按钮 1"。

② 新建一名为"导航按钮 2"的按钮元件,在按钮场景中的第一帧插入关键帧,并将"库"中的"导航按钮 1"图形元件拖入场景中,选中矩形,在"属性"中将"颜色"Alpha 值设为 47%。然后在每一帧都插入关键帧。

③ 可以添加一些特效,来突出按钮的效果,如新建一个黄色的矩形图形元件,名为"矩形 2",再新建一个影片剪辑,在影片剪辑中将"矩形 2"拖入场景,在第一帧将矩形的"属性"中的"颜色"Alpha 值设为 0%,并设计矩形做 16 帧的移动动作。

④ 回到"导航按钮 2"按钮的场景中,在第二帧处将"库"中的"矩形 2"影片剪辑拖入场景中如图 7-7 所示的位置。

图 7-6　矩形元件的颜色设置

⑤ 回到主场景,添加一个新图层,名为"名字",分别制作文字框"FLASH 简介"、"FLASH 教程"、"FLASH 素材"、"FLASH 欣赏"、"留言板",在第 76 帧处插入关键帧,设置动作脚本为"stop();",并将文字排放在如图 7-8 所示的位置。

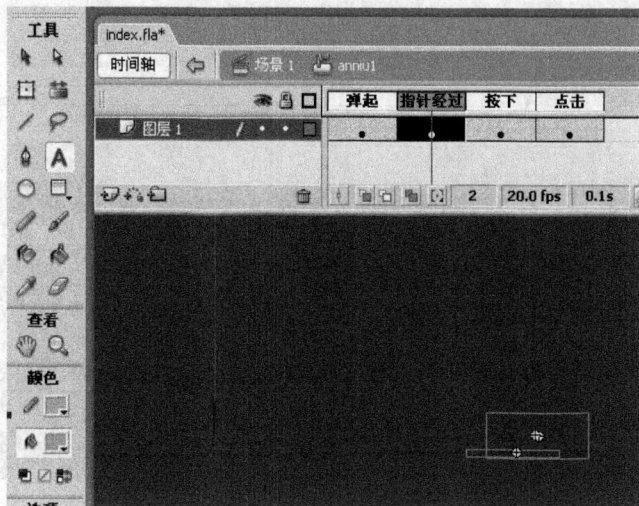

图 7-7　将矩形 2 影片剪辑拖入场景

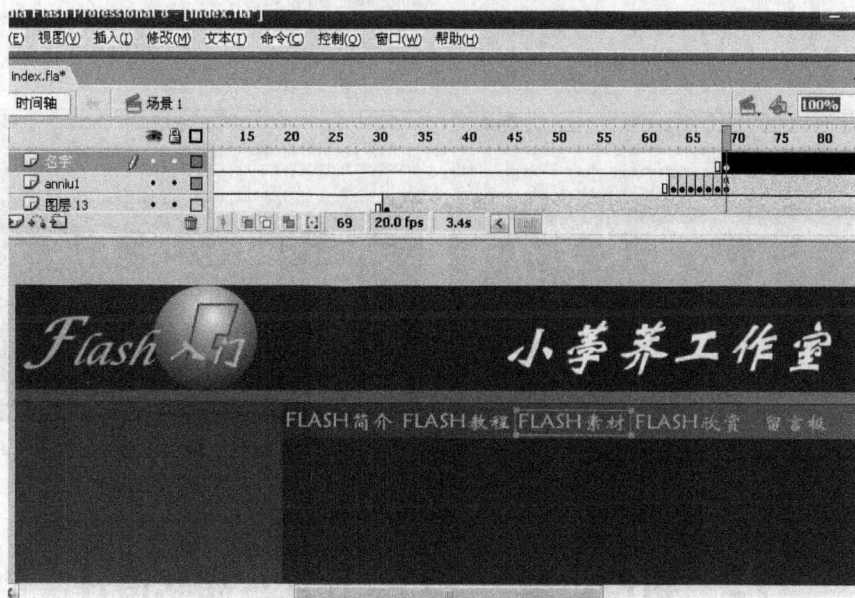

图 7-8　导航名称的位置

⑥ 在导航名称图层下新建一图层"按钮",在第 76 帧处插入一关键帧,并将"库"中的"按钮"拖入场景 5 次分别覆盖住 5 个导航名称,如图 7-9 所示。

这里我们可以添加一些导航条出现效果,在"按钮"层第 76 帧前面插入几个连续关键帧,作出如图 7-10 和图 7-11 所示效果的逐帧动画。

⑦ 保存文件为"index.fla"。

到此一个网页的基本元素已经制作完毕。如需链接到其他的子网页,要进一步地完成全网站的设计,我们将在 7.2 节中讲述。

图 7-9　按钮在场景中的位置

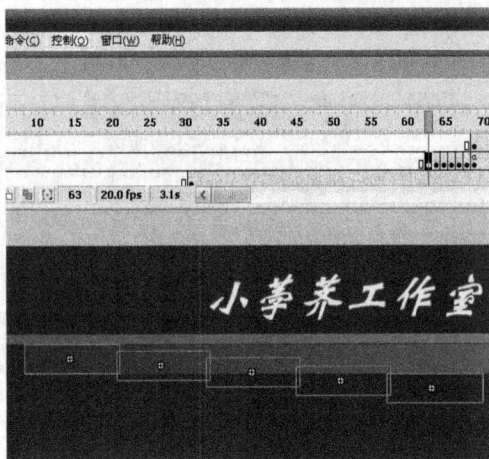

图 7-10　插入关键帧(1)

图 7-11　插入关键帧(2)

7.2　知识讲解——Flash 8 与网站设计

7.2.1　全 Flash 网站与 Flash 网页

1. 全 Flash 网站与 Flash 网页的含义

全 Flash 网站是指使用 Flash 技术设计制作完成的网站。全 Flash 网站基本以图形和动画为主,所以比较适合做文字内容不多,以平面、动画效果为主的应用。如企业品牌推广、特定网上广告、网络游戏、个性网站等。从技术方面讲,全 Flash 网站是单个 Flash 网页,加上 SWF 文件之间的调用方法完成的。

Flash 网页是指用 Flash 技术设计制作完成的单个网页,多用于一些网站的引导页。

2. Flash 网站与 Flash 网页的区别

(1) 文件结构不同

单个 Flash 网页的场景、动画过程及内容都在一个文件内,而全 Flash 网站的文件由若干个文件构成,并且可以随发展的需要继续扩展。全 Flash 网站的文件动画分别在各自的对应文件内,通过 Action 的导入和跳转控制实现动画效果,由于同时可以加载多个 SWF 文件,因此它们将重叠在一起显示在屏幕上。

(2) 制作思路不同

单个 Flash 网页的制作一般都在一个独立的文件内,计划好动画效果随时间轴的变化或场景的交替变化即可。全 Flash 网站制作则更需要整体的把握,通过不同文件的切换和控制来实现全 Flash 网站的动态效果,要求制作者有明确的思路和良好的制作习惯。

(3) 文件播放流程不同

单个 Flash 网页通常需要将所有的文件制作在一个文件内,在观看效果时必须等文件基本下载完毕才开始播放。但全 Flash 网站通过若干个文件结合在一起,在时间流上更符合 Flash 软件产品的特性。文件可以做的比较小,通过陆续载入其他文件逐渐打开,更适合在因特网上传播,这样就避免了访问者因等待时间过长而放弃浏览。

7.2.2　关键技法

通过 Flash 8 制作网页,主要应用的核心或技法有如下几项。

(1) 导航条要分为背景和透明按钮两部分,并使之重合。

(2) 一个网站的所有链接页面要发布为一个独立的 SWF 文件。

(3) 要将一个网站的所有网页放入一个文件夹。

(4) 所有网页发布后,才通过如下脚本相互链接。

```
on (release) {
    loadMovieNum(" * * . swf", 1);
```

7.2.3　素材的准备

1. Logo 制作

网站标志被称为 Logo。网站的 Logo 就好像一个人的名片一样,一个成功的人士绝不能容忍一个制作粗糙的名片;当然一个好的网站也需要一个设计精良的标志来在浩瀚的因特网中确立自己的形象。一个优秀的 Logo,特别是具有动态效果的 Logo 比文字更能吸引人们的注意力。Logo 主要通过以下三个途径选择其内容。

- 设计专业的代表性标志。
- 网站的名称利用文字的变形组合。
- 网站的名称利用字体变换来形成。

如图 7-12 所示网站的 Logo 是利用和 Flash 图标相似的图案作背景图形,加入网页主题,并和网页色调相一致。

制作过程如下。

① 按 Ctrl＋F8 组合键新建一个图形,取名为"Logo"。

② 画一个圆,颜色设置如图 7-13 所示。选中圆,按 Ctrl＋G 组合键将圆整合起来,变成一个整体。

图 7-12　网站 Logo

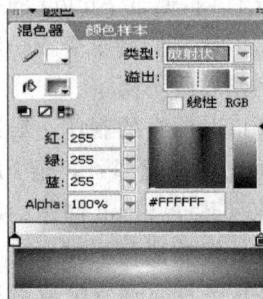

图 7-13　圆的颜色设置

③ 添加大写英文字母 F,并将文字打散,设置笔触颜色为深紫色,填充色和圆的颜色一致,并将该文字如前操作整合,放在圆的上层。

④ 添加文字"Flash 入门",英文为紫色,中文为白色,放置在如图 7-14 所示的位置。

2. 素材图片

网站制作中不可避免地要使用到图片。可以购买素材光盘,然后找出适合自己风格的精美图片加入网站中;当然也可以从网络上下载精美的图片。

图 7-14　设置文字放置位置

这里为了显示本网站的风格和特色,使整体能保持一致,自己制作背景。在下面的制作中我们会讲解到,这里不再赘述。准备图片时,要注意图片的格式和大小。当然还可能要用到其他工具来进行加工,如 Fireworks、Photoshop 等。对于 Flash 来说图片的格式很重要,如果有矢量图片最好,它和 Flash 的格式一致,放大缩小的时候不会变形,产生锯齿或模糊不清,不过矢量图片毕竟很少,而且效果没有其他格式的图片好。图片不宜过大,能缩小的要尽量缩小,使我们的网页适合于网络传播。

3. 音效素材

Flash 网页的一个特点是具有网络多媒体的效果,不仅有动画,而且还有很好的音效。它在声音处理方面的功能也相当强。在 Flash 中加入声音不仅能很大程度地提高网页的效果,也能提高网站的吸引力,增大浏览量。因此,不能埋没 Flash 的闪光点,应该在网页中加入一定的音效。Flash 中的音效也应根据不同的用途选择不同的声音文件。我们在 Flash 网站制作中一般会使用到背景音效、按钮音效和特殊音效。背景音效一般应选择较小、播放时间较短、适合循环的音效;按钮音效则更应该体积小、时间短,仅有声音就可以;还有其他的特殊音效应根据使用场合的不同而使用不同的声音文件。

在这个实例中,我们选择了一些短小的按钮音效及合适的背景音效,另外还有一些用于开场动画的特殊音效。声音文件的来源很多,除了自己录制以外,还可以在 Flash 自带的声音库中选择,也可以从购买的光盘里找到,再或者从网络上下载。很多 Flash 网站中提供专门用于 Flash 制作的各种音效下载。

7.2.4　制作流程

实现全 Flash 网站效果的方式多种多样,但基本原理是相同的:将主场景作为一个"舞台",这个舞台提供标准的长宽比例和整个的版面结构;"演员"就是网站子栏目的具体内容,根据子栏目的内容结构可能会派生出更多的子栏目。主场景作为"舞台"基础,基本保持自身的内容不变,其他"演员"身份的子类、次子类内容根据需要被导入主场景内。

从技术方面讲,如果已经掌握了不少单个 Flash 作品的制作方法,再多了解一些 SWF 文件之间的调用方法,制作 Flash 网站并不会太复杂。

Flash 网站的设计与制作流程如下。

1. 网站结构规划

Flash 8 是专业制作二维动画的软件,其主要功能是设计二维动画,使用它来设计制作整个网站不如专门的网站设计软件方便。但从网站的结构规划上看与其他软件并没有什么区别,主要需要规划设计网站的整体结构,各页面之间的层次关系与链接情况等。

2. Flash 场景规划

场景规划就是页面的设计,根据网站的整体规划情况,分别设计网站中每个页面的场景,每个页面的主要内容等。

3. 素材准备

结合网站与各个场景的设计,围绕主题准备各个页面的制作素材。在素材准备时,可以将每个页面的素材分别准备,以示区别。

4. 分别制作

使用 Flash 技术将所准备的素材按设计的思路制作成每一个页面。

5. 整体整合

使用脚本语言将各个页面进行组合,完成网站的制作。

7.3　拓展训练——全网站制作

前面已经学习了制作一个网站的主页,但仅会做主页是不够的,一个主页只相当于一个简单的 Flash 动画。虽然它是一个网站的门户,有着吸引人眼球的作用,但不能让其成为花架子,最重要的还是要充实网站的内容,所以,下面继续将该网站制作完成,学会用 Flash 做一个真正的全网站。

7.3.1　作品展示

网站的主要页面如图 7-15 所示。

图 7-15 网站的主要页面

7.3.2 制作要点提示

1. 制作相关页面

① 制作一大小为 521×433 的白色矩形,并将之转换为图形。

② 在主场景中新建一图层,将图形拖到主场景中如图 7-16 所示的位置处。

③ 在帧面板上移除这一图层外的所有图层,将文件分别另存为"jj. fla"、"jc. fla"、"sc. fla"、"xs. fla"、"lx. fla"。

④ 打开"jj. fla"文件,新建一图层,导入或将已做好的文本元件拖进场景,并在时间轴上最长图层的末帧关键帧处设动作脚本"stop();",最后保存文件并发布。

图 7-16　链接显示框位置

⑤ 打开"jc. fla"文件,添加一图层,用文本工具输入一些教程的名称,并将之排列好。选中第一个文本,"属性"面板中设置链接网址为"http://video. banma. com/flashpeixun/2/index. shtml",如图 7-17 所示。

图 7-17　在属性中设置链接

其他教程文本链接同上。在时间轴上最长图层的末帧关键帧处设动作脚本"stop();",最后保存文件并发布。

⑥ 打开"sc. fla"文件,新建一图层,导入若干图片,将图片排列整齐,并在时间轴上帧数最长图层的末帧关键帧处设动作脚本"stop();",最后保存文件并发布。

⑦ 打开"xs. fla"文件,新建一图层,导入一名为"bear"的 Flash 开篇图片和一名为"bear"的文本按钮元件,如图 7-18 所示。在场景中选中"bear"按钮,在"动作"面板中打开"脚本助手",并设置脚本,如图 7-19 所示。

脚本代码如下。

```
on (release) {
loadMovieNum("bear. swf", 1);
```

并在时间轴上最长图层的末帧关键帧处设动作脚本"stop();",最后保存文件并发布。

图 7-18　xs 场景布置

⑧ 打开"lx. fla"文件,新建一图层,利用"文本工具"制作一个留言本。

操作方法如下。

选择"文本工具",在属性中选择"输入文本"下拉列表框,如图 7-20 所示。在场景中做多个输入文本框,文本框左边文字用静态文字,如图 7-21 所示。将做好的"重写"、"提交"两按钮拖入场景中如图 7-21 所示的位置。

因为要实现留言板的功能,必须和 ASP 等多种语言相结合制作,才能实现数据传递、修改、接收功能,所以这里不再讲述。

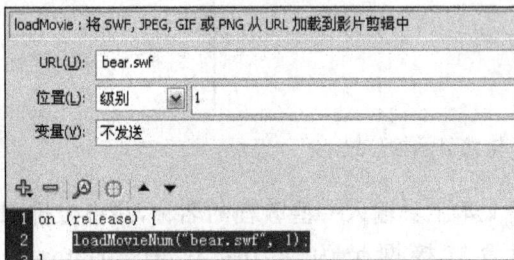

图 7-19　设置"bear"按钮文本

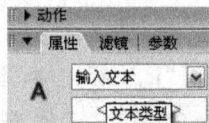

图 7-20　选择文本属性中的文本
类形为"输入文本"

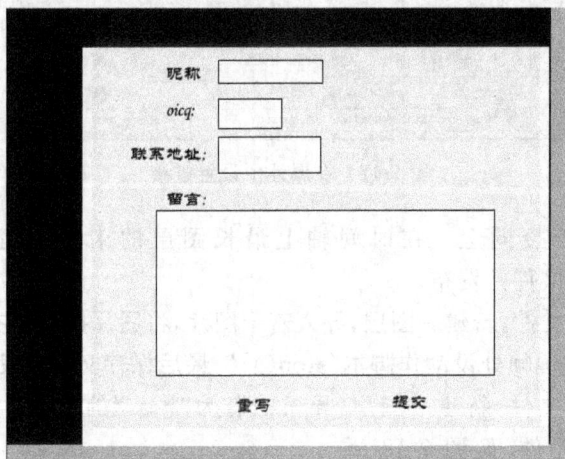

图 7-21　留言板布局

提个醒

如果留言板中有"密码"功能,在制作文本时,文本类型属性要选择"密码"选项。

留言板做好后,在时间轴上最长图层的末帧关键帧处设动作脚本"stop();",最后保存文件并发布。

2. 制作导航文字链接

① 打开"index. fla"文件,选中第一个导航按钮,添加如下脚本语言,如图 7-22 所示。

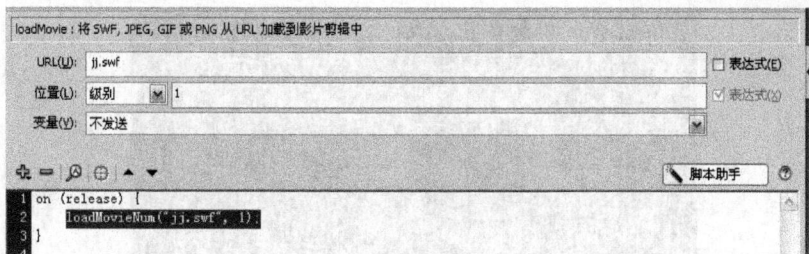

图 7-22　为导航按钮添加脚本语言

```
On(release){
    loadmovieNum("jj.swf",1);
}
```

② 分别为其他导航按钮添加脚本语言。

导航按钮 2：

```
on (release) {
    loadMovieNum("jc.swf", 1);
}
```

导航按钮 3：

```
on (release) {
    loadMovieNum("sc.swf", 1);
}
```

导航按钮 4：

```
on (release) {
    loadMovieNum("xs.swf", 1);
}
```

导航按钮 5：

```
on (release) {
    loadMovieNum("lx.swf", 1);
}
```

③ 添加一图层，利用文本工具输入文字"最新动态"，选中文字，设置如图 7-23 所示的滤镜效果，并放在如图 7-24 所示的位置。

图 7-23　文字滤镜效果

图 7-24　文字位置

④ 再添加两个文本 2、3，内容可自定，放置在如图 7-24 所示的位置，并将"按钮"元件拖入场景中如导航按钮制作方法，覆盖文本 2、3。使用如"jc.fla"文本"属性"中的链接方法进行链接。

下面就是给动画添加音效了，注意的是音效文件我们尽量选用小的，可以重复使用的，格式上一般使用 Stream(流式)以保持同步。当然音效也可以在动画没有制作之前先加入，这样动画的整个制作过程就可以参照音效来制造了，这是另外的一种方法，这种方法在制作 Flash MTV 的时候最常用。

最后就是发布动画，发布完后回到目录下，单击"index.html"查看结果，会发现动画的位置不在最中间，并且动画周围还存在空隙，立即把这个空隙删掉。使用 DreamweaverMX 打开"index.html"，单击"show Code View"，在"＜body＞"的尖括号中加入代码"topmargin＝"0" leftmargin＝"0""，同时把 object 和 embed 标签中的动画的长和宽都改成"100％"，让它占满浏览器。

至此这个实例终于完成，但并不是全部的完成，因为还需要做装载的动画，这里只是介绍一个模板性质的内容，还有很多的工作需要完成。这样的网站实例是带有普遍性的，回顾一下，规划、设计和制作中几乎用到了前面介绍到的所有内容(除了视频)。当然这里的网站实例具备的交互性还很欠缺，如果想让 Flash 网站具有真正的交互性，吸引更多的浏览者驻足，那么应该认真学习 Flash 8 更多的精彩内容。相信学习后会做出更加精彩的个性主页。

本 章 小 结

本章通过使用 Flash 8 制作一个网站的讲解，介绍了使用 Flash 8 设计制作网页与网站的基本方法与基本流程及相关知识。通过本章的学习，需对以下知识点熟练掌握并灵活运用：Flash 8 制作网页前针对网站内容进行合理规划布局、导航条的制作原理(利用透明按钮实现)及制作方法、通过单独发布子网页并运用脚本语言实现网页元素之间的链接等网页常用操作。

本章练习

一、简答题

1. 简述网站设计的要点。

2. 网页中浮动 Flash 的效果和导航条的制作有没有相似之处,如有,它是如何实现的?

3. Flash 网站的设计与制作流程是怎样的?

4. Flash 网站与 Flash 网页的区别是什么?

5. 大多数的网站中 Flash 网页起什么作用?

二、上机实训

1. 应用本章所学知识,模仿"www.house365.com"网站主页(如图 7-25 所示),制作出相同的主页。

提示:主要运用了按钮操作。

图 7-25　HOUSE365 主页设计图

2. 制作有关班级建设的全网站。

应用本章所学知识,制作一个有关班级建设的全网站,要求包含班级主页,班级相册、班级最新活动叙事、同学作品展示等内容。

3. 你能为北京奥运会官方网站设计制作一个引导型 Flash 网页吗?试一试。

第

8 章

Flash 8 与游戏设计

1. "动作"面板的使用方法
2. ActionScript 的基本语法知识
3. 认识 ActionScript 常用函数

学习
要点

使用 Flash 设计游戏是 Flash 设计与制作的至高境界。在 Flash 之前,想要编写一个包含二维动画的游戏,需要熟练掌握 VB、C++ 等程序设计语言,牢记无穷无尽的函数,绝对不是一件容易的事情;而 Flash 8 将美术设计与程序开发有机地结合在一起,只要充分掌握了 Flash 的使用方法和应用技巧、游戏设计的理念和方法,设计一款有趣的游戏是易如反掌的。

8.1 制作"判断数字大小"游戏

8.1.1 作品展示

有五对未知的数,它们跟数字七有一定的关系,如能全判断对算赢,如有一对以上判断错误则算输,效果如图 8-1 所示。

8.1.2 制作思路与过程

随机产生五对数,判断它们跟数字七的关系,是比七大还是比七小,如果判断对了当前一个数跟七的大小关系,就可以继续判断下一个数字跟七的关系;如果判断错了,则提示:"很抱歉,你输了!",可以通过单击

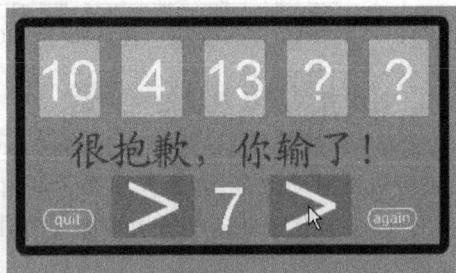

图 8-1 游戏动画效果图

"again"按钮再玩一次，或者单击"quit"按钮退出游戏。如果五个数字跟七的关系全部判断正确了，那么会提示"恭喜你，你赢了！"，同样可以选择再玩一次或者退出游戏。

操作步骤如下。

① 创建影片文档，在"属性"面板上设置文件大小为 400×230 像素，背景颜色为 ♯9999CC。

② 创建元件"判断大小按钮(btn_arrow)"和"文本框背景(txtback)"，如图 8-2 所示。

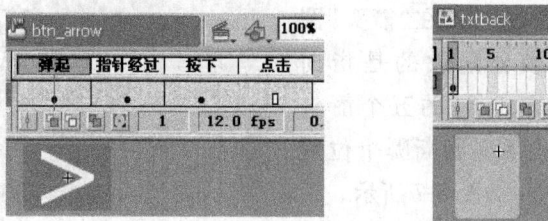

图 8-2 判断大小按钮(btn_arrow)及文本框背景(txtback)元件

③ 修改图层 1 名称为"背景"，在"背景"图层的第 1 帧放有"边框"、"判断大小按钮（btn_arrow）"、"文本框背景(txtback)"，如图 8-3 所示。

④ 在"背景"图层的第 6 帧处插入一关键帧，并在该关键帧中添加"恭喜你，你赢了！"字样，表示判断全对，如图 8-4 所示。

在第 7 帧处插入一关键帧，并删除"恭喜你，你赢了！"字样，添加"很抱歉，你输了！"字样，表示判断错误，如图 8-5 所示。

图 8-3 "背景"图层

图 8-4 "背景"图层第 6 帧

图 8-5 "背景"图层第 7 帧

⑤ 插入图层 2，修改图层名称为"文本框"。"文本框"图层中放的是五个文本框，文本属性为"动态文本"，分别排列于五个文本框背景(txtback)之上，如图 8-6 所示。从左

到右依次设置变量名为"a1"、"a2"、"a3"、"a4"、"a5"。

提个醒

变量名通过选中该对象后,在"属性"面板"变量"输入框中输入。

⑥ 插入图层 3,修改图层名称为"箭
头"。新建图形元件"point"。在"箭头"图
层中的第 1 到第 5 帧分别放的是指向
"a1"、"a2"、"a3"、"a4"、"a5"的五个箭头
(point),箭头的指向表明应判断哪个位置
的数字跟七的大小关系,如图 8-7 所示。

⑦ 插入图层 4,修改图层名称为"退
出? 继续?",新建按钮元件"quit"和
"again",并将"quit"元件插入在"退出? 继续?"图层的第 1 帧中,如图 8-8 所示。

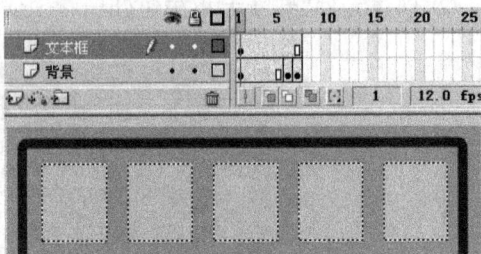

图 8-6 "文本框"图层

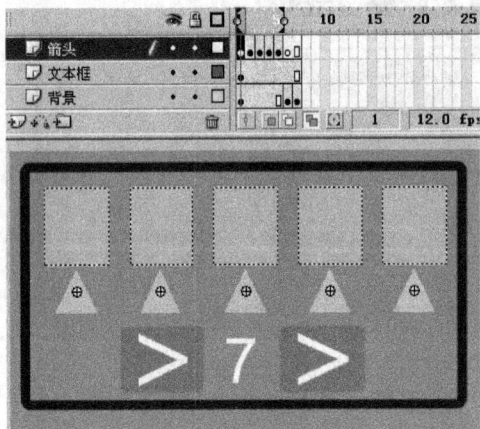

图 8-7 "箭头"图层

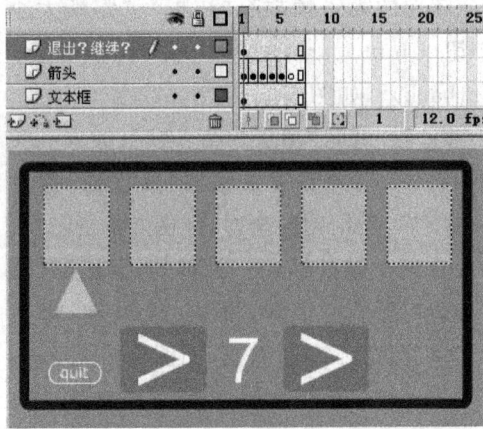

图 8-8 "退出? 继续?"图层第 1 帧

在第 5 帧插入关键帧,将"again"按钮元件添加到该帧,如图 8-9 所示。

⑧ 插入图层 5,修改图层名称为"初始化",在"初始化"图层中没有放任何东西,只是
在第 1 帧设置了一些变量。选中第 1 帧,打开"动作"面板,设置"a1"、"a2"、"a3"、"a4"、
"a5"的初始值为"?","i"的初始值为"0",如图 8-10 所示。

⑨ 右击位于工作区左边的">"按钮,在弹出的菜单中选择"动作"选项,即进入该按
钮属性设置对话框,输入以下程序,如图 8-11 所示。

```
on (press) {
    number1 = Number (random (13)) + 1;
    i = Number (i) + 1;
    set ("a" add i, number1);
```

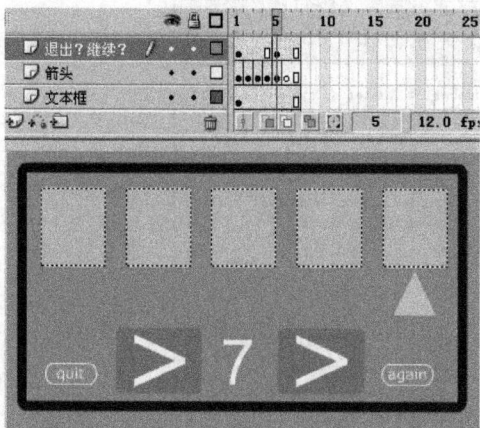

图 8-9 "退出？继续？"图层第 5 帧

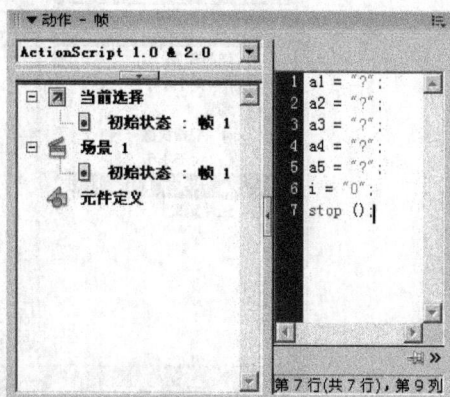

图 8-10 "初始化"图层第 1 帧动作面板

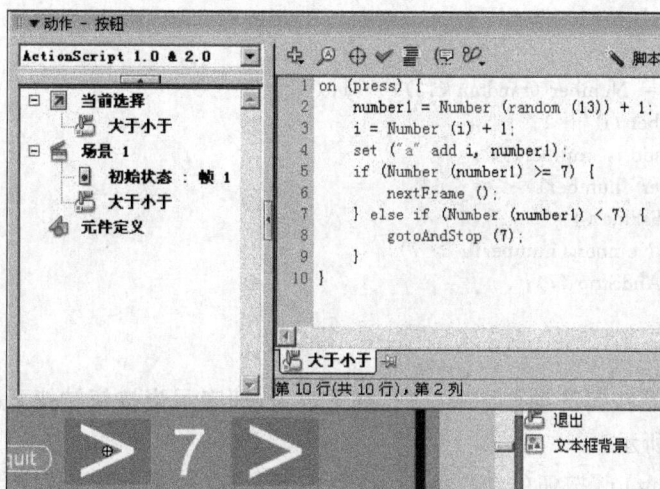

图 8-11 左边">"按钮的动作面板

```
if (Number (number1) >= 7) {
    nextFrame ();
} else if (Number (number1) < 7) {
    gotoAndStop (7);
}
}
```

整个程序的最外层是"on(Press){...}"结构,表示当鼠标被按下时,执行中间的语句。

第 2 条语句表示：设置变量"number1"的值为数字 1～13 的随机数。

第 3 条语句表示：把当前的变量"i"的值累加 1。

第 4 到第 8 条语句表示：当变量"number1"的值大于等于 7 时,程序跳动到下一个帧,当"number1"的值小于 7 时,程序跳动到第 7 帧并停止。

⑩ 用同样的方法,设置位于工作区右边的">"按钮的动作,如图 8-12 所示。

图 8-12　右边"＞"按钮的动作面板

```
on (press) {
    number1 = Number (random (13)) + 1;
    i = Number (i) + 1;
    set ("a" add i, number1);
    if (Number (number1) <= 7) {
        nextFrame ();
    } else if (Number (number1) > 7) {
        gotoAndStop (7);
    }
}
```

⑪ 打开"quit"按钮的动作面板，进行如下设置，即表示当按钮被按下时，退出该电影文件，如图 8-13 所示。

同样，打开"again"按钮的动作面板，进行如下设置，即表示当按钮被释放时，程序跳动到第 1 帧并播放，如图 8-14 所示。

图 8-13　"quit"按钮的动作面板

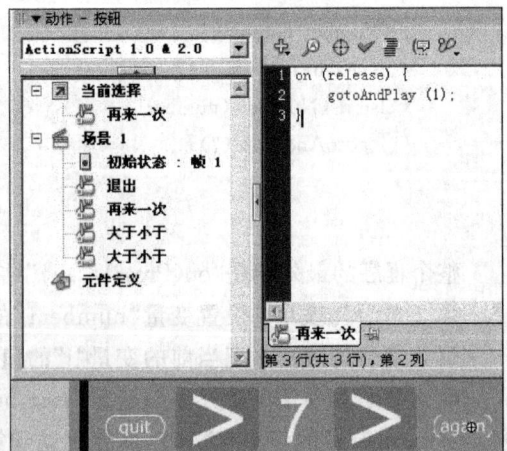

图 8-14　"again"按钮的动作面板

8.2　知识讲解——Flash 8 与游戏设计

8.2.1　Flash 游戏的分类及制作要素

1. Flash 游戏的分类

现在的 Flash 游戏主要有以下几类。

（1）益智类游戏

益智类游戏主要培养玩家的智力和反应能力，让玩家在休闲、思考中进行。此类游戏以牌类、拼图类为代表。

（2）动作类游戏

动作类游戏在游戏的过程中通过玩家的反应来控制游戏中角色的各种动作。游戏的操作一般由鼠标或键盘来进行。

（3）射击类游戏

射击类游戏实现原理简单，但游戏过程惊险刺激，可玩性强，所以现在这类游戏占了 Flash 游戏很大的份额。

（4）角色扮演类游戏

角色扮演类游戏由玩家扮演游戏中的主角，通过不同的场景、不同的剧情安排进行游戏，时常也插入一些其他类的游戏，增加可玩性。这类游戏一般场景多、规模大、制作难度大。

2. Flash 游戏制作要素

要制作好游戏动画，需要考虑以下几个方面的因素。

（1）"迷你"性

"小巧"是 Flash 游戏的一个突出特点，玩 Flash 游戏不用高配置的电脑，也不用像其他大型游戏一样需要复杂的安装和调试过程。所以制作时要注意到作品的篇幅和对系统的要求，不要使用太大范围的变形或运动，使程序显得小而紧凑。

（2）简易性

大多数 Flash 游戏老少皆宜，因此应做到无需帮助即可轻松上手。所以，在制作前要考虑到这一点，尽量使用简单的操作方法使作品争取更多的玩家。

（3）可玩性

游戏成功的关键就是其可玩性，Flash 游戏也需要通过曲折离奇的故事、宏伟壮观的场景和种类繁多的角色来塑造游戏的可玩性，"麻雀虽小，五脏俱全"。在制作过程中要时刻站在玩家的角度思考，在保证一定难度的情况下，又能让玩家玩得尽兴。最后可以在游戏结束画面中做一个分数排行榜，激起玩家的兴趣。

（4）时尚性

每一个时期都流行不同的游戏，所以创作游戏要与时俱进，特别是主角造型要时尚。

8.2.2　关键技法

不管是形状、位图还是元件的实例,它们在 Flash 这个大舞台中都只能算作演员,恪尽职守地扮演着自己的角色。而 ActionScript 则是实际的操纵者,虽然在导出的 Flash 文件中看不到它,但是看到的 Flash 网站、玩的 Flash 游戏,没有一个不是由它所控制的。

1. ActionScript

ActionScript 是一种 Flash 专用的编程语言,与 JavaScript 或 Java 语言非常类似。

掌握了 ActionScript,就可以用很少的工作创造出绚丽多彩的效果。很多重复性的工作,使用 ActionScript 中的一句或几句代码就可以实现,从而很大程度上减少了我们的工作,有效地提高了工作效率。

以下是 ActionScript 应用举例。

(1) 控制主时间轴播放

* play():从当前帧开始播放,没有参数。
* stop():停止在当前帧,没有参数。
* gotoAndPlay():跳转到某一场景的某一帧,并从跳转到的地方开始播放。

    语法规则:gotoAndPlay(帧数)或 gotoAndPlay(场景名称,帧数)。

    例如:gotoAndPlay(21)或 gotoAndPlay("场景 1",21)。
* gotoAndStop():跳转到某一场景的某一帧,并停止在跳转到的地方。

    语法规则:gotoAndStop (帧数)或 gotoAndStop (场景名称,帧数)。

    例如:gotoAndStop (1)或 gotoAndStop ("场景 1",1)。
* prevFrame():跳转并停止在当前场景的前一帧,没有参数。
* nextFrame():跳转并停止在当前场景的下一帧,没有参数。
* prevScene():跳转并停止在前一场景的第一帧,没有参数。
* nextScene():跳转并停止在下一场景的第一帧,没有参数。

(2) 控制影片剪辑

① 控制影片剪辑的播放

正如可以控制主时间轴一样,也可以通过 ActionScript 控制影片剪辑实例的播放。例如,现在有两个影片剪辑实例,名称分别为:right_mc 和 left_mc。动作面板输入以下 ActionScript 代码。

```
this. right_mc. gotoAndStop(16);
this. onEnterFrame=function(){
    if (this. lest_mc. _currentframe==15){
        this. left_mc. gotoAndStop(16);
        this. right_mc. play();
    }
    if (this. right_mc. _currentframe==15){
        this. right_mc. gotoAndStop(16);
        this. left_mc. play();
```

　　　　}
　};

　　这段代码就是控制了 left_mc 和 right_mc 两个影片剪辑实例的播放过程。
　　② 控制影片剪辑的属性
　　舞台上的每一个影片剪辑的实例都有自己的一系列属性,这些属性有些可以通过
ActionScript 对其进行更改,有些则是只读的,只能获得它的值,而无法进行更改。例如,
下面这段代码可以获得影片剪辑实例 eye_mc 的宽度。

this. eye_mc. _width

　　如果要改变其宽度,可以对其赋值。

this. eye_mc. _width＝200;

　　下面是常用的一些影片剪辑实例的属性。

- _height:获得影片剪辑实例的高度,为数字类型,可以更改。
- _width:获得影片剪辑实例的宽度,为数字类型,可以更改。
- _alpha:获得影片剪辑实例的不透明度,为 0～100 的数字,可以更改。
- _name:获得影片剪辑实例的名称,为字条串类型,可以更改。
- _visiable:获得影片剪辑实例的可见度,为布尔类型,可以更改。当值为 true 时可见,为 false 时不可见。
- _x:获得影片剪辑实例位置的 X 坐标值,为数字类型,可以更改。
- _y:获得影片剪辑实例位置的 Y 坐标值,为数字类型,可以更改。
- _rotation:获得影片剪辑实例相对于原始位置的旋转角度,为 0～360 的数字,以度为单位,可以更改。
- _xscale:获得影片剪辑实例相对于原始大小的水平方向缩放比例,为数字类型,当值为 100 时是原宽度,可以更改。
- _yscale:获得影片剪辑实例相对于原始大小的垂直方向缩放比例,为数字类型,当值为 100 时是原高度,可以更改。
- _currentframe:获得影片剪辑实例当前播放到的帧数,为数字类型,无法更改。
- _xmouse:获得相对于影片剪辑实例的鼠标指针位置 X 坐标值,为数字类型,无法更改。
- _ymouse:获得相对于影片剪辑实例的鼠标指针位置 Y 坐标值,为数字类型,无法更改。

　　③ 复制和卸载影片剪辑
　　使用 ActionScript 复制影片剪辑实例分为两种情况,一种是复制舞台上原有的实例;
另一种是在舞台上创建元件库中影片剪辑的实例,而舞台上原本没有该实例。
　　复制舞台上原有的实例,可以使用下面的语句。

book_mc. duplicateMovieClip("newbook_mc",100);

或

duplicateMovieClip(book_mc,"newbook_mc",100);

其中 book_mc 是要复制的影片剪辑实例名称,newbook_mc 是新复制出来的实例名称,100 则是新实例的深度。

创建元件库中影片剪辑的实例,可能使用下面的语句。

this.attachMove("myball","ball_mc",100);

其中 myball 是元件库中影片剪辑的链接标识符,ball_mc 是新复制出来的实例名称,100 是新实例的深度。

卸载舞台上的实例,可以使用下面的语句。

bird_mc.removeMovie();

或

removeMovie(bird_mc);

其中 bird_mc 是要卸载的影片剪辑实例名称。

提个醒

深度决定实例处于同一时间轴其他实例的前面还是后面,可以设定的范围在 −16 384～1 048 575。深度越大,则表示该实例越处于上方。如果两个实例具有相同的深度,则后出现的实例会覆盖先前的实例,所以应当为每个实例指定不同的深度。

(3) 控制文本属性

像影片剪辑实例一样,文本也具有一系列的属性,并且这些属性大部分都是可以通过 ActionScript 进行更改的。

下面是文本常用的一些属性。

- text:获得文本中的文字内容,为字符串类型,可以更改。
- textColor:设置文本的颜色,为十六进制,为数字类型,可以更改。例如,0xFF0000 代表红色。
- border:指定文本是否具有边框,当值为 true 时存在边框,值为 false 时没有边框。
- borderColor:设置文本边框的颜色,为十六进制数字类型,可以更改。
- background:指定文本是否具有背景色,当值为 true 时存在背景,值为 false 时,没有背景。
- backgroundColor:设置文本背景的颜色,为十六进制数字类型,可以更改。
- password:指定文本是否为密码,为布尔类型,可以更改。当值为 true 时,该文本中所有文字均显示为星号(*);值为 false 时,文字内容正常显示。
- _name:获得文本的名称,为字符串类型,可以更改。
- _x:获得文本位置的 X 坐标值,为数字类型,可以更改。

- _y：获得文本位置的 Y 坐标值，为数字类型，可以更改。
- length：获得文本的字符数量，为数字类型，无法更改。

2．核心技法

使用 Flash 8 制作游戏，主要应用的核心技法有以下几种。

（1）帧动作

在关键帧里添加 ActionScript 可以实现影片的播放控制。操作时执行"窗口"→"动作"命令或按 F9 键，打开"动作"面板，在面板中添加帧命令。

（2）On

给按钮添加命令。操作时执行"窗口"→"动作"命令或按 F9 键，打开"动作"面板，单击"全局函数"→"影片剪辑控制"，双击"on"，并在后面加入相关语句。

8.2.3 素材准备与制作流程

1．构思

在着手制作一个游戏前，必须先要有一个大概的规划或者方案，要做到心中有数，而不能边做边想，否则就算最后完成了，这中间浪费的时间和精力也会让人不堪忍受。制作游戏的最终目的是取悦游戏的玩家，通过他们的肯定来得到一定的成就感，这也是激励游戏制作者继续不断创作的重要因素。

要想让游戏的制作过程轻轻松松，关键就在于不要让工作的内容太过烦琐或困难重重，要想使整个制作过程变的轻松，关键是要先制定一个完善的工作流程，安排好工作进度和分工，这样做起来就会事半功倍，不过在制定任何工作计划之前，一定要在心里有个明确的构思，以及对于游戏的整体设想。充满想象力的幻想，的确有助于你的创作；但是有系统的构思，要绝对优于漫无边际的空想。

2．游戏的目的

制作一个游戏的目的很多，有的纯粹是娱乐，有的则是想吸引更多的访问者来浏览自己的网站，还有的很多时候是出于商业上的目的，设计一个游戏来进行比赛，甚至把通过游戏的关卡当作是奖励的奖品。

所以在进行游戏的制作之前，必须先确定游戏的目的，这样才能够根据游戏的目的来设计符合需求的作品。

3．游戏的种类

游戏可以分成许多不同的种类，各个种类的游戏在制作过程中所需要的技术也都截然不同，所以在一开始构思游戏的时候，决定游戏的种类是最重要的一个工作。

4．游戏的规划与制作流程

在决定好将要制作的游戏的目标与类型后，接下来是不是可以立即开始制作游戏了呢？这里的回答是不可以。当然如果一定要坚持立即开始制作，也不是不可以，只不过要事先提醒大家的是：如果在制作游戏前还没有一个完整的规划，或者没有一个严谨的制作流程，那么必定将浪费非常多的时间和精力，很有可能游戏还没制作完成，就已经感到筋疲力尽。所以制作前认真制定一个制作游戏流程和规划是十分必要的。

其实像 Flash 游戏这样的制作规划或者流程并没有想象中的那么难,大致上只需要设想好游戏中会发生的所有情况,如果是角色扮演类游戏,需要设计好游戏中的所有可能情节,并针对这些情况安排好对应的处理方法,那么制作游戏就变成一件很有系统的工作了。

5. 素材的收集和准备

游戏流程图设计出来后,就需要着手收集和准备游戏中需要用到的各种素材了,包括图片、声音等。俗话说,巧妇难为无米之炊,所以要完成一个比较成功的 Flash 游戏,必须拥有足够丰富的游戏内容和漂亮的游戏画面,所以在进行下一步具体的制作工作前,需要认真准备游戏素材。

* 图形图像的准备
* 音乐及音效

6. 制作与测试

当所有的素材都准备好后,就可以正式开始游戏的制作了,下面就需要靠 Flash 技术了,当然,整个游戏的制作细节不是三言两语能说清楚的,关键是靠平时学习和积累的经验和技巧,把它们合理的运用到实际的制作工作中,这里仅提供几条游戏制作的建议,相信可以使游戏制作的过程更加顺利。

* 分工合作:一个游戏的制作过程是非常烦琐和复杂的,所以要做好一个游戏,必须要多人互相协调工作,每个人根据自己的特长来执行不同的任务。一般的经验是美工负责游戏的整体风格和视觉效果;而程序员则进行游戏程序的设计。这样一来,可以充分发挥各自的优点;可以保证游戏的制作质量,提高工作效率。

* 设计进度:既然游戏的流程图都已经确定了,这样就可以将所有要做的工作加以合理的分配,每天完成一定的任务,事先设计好进度表,然后按进度表去进行制作,才不会在最后关头忙得不可开交,把大量工作堆在短时间内完成。

* 多学习别人的作品:当然不是要抄袭他人的作品,而是在平时多注意别人的游戏制作方法,如果遇到好的作品,就要养成研究和分析的习惯。从这些观摩的经验中,大家可以学习到不少自己出错的原因,甚至还有自己没注意到的技术,也可以花些时间把它学会。

游戏制作完成后,就需要进行测试了。为了避免测试时的盲点,一定要在多台计算机上进行测试,而且参加的人数最好多一点,这样就有可能发现游戏中存在的问题,使游戏可以更加完善。

上面就是一般游戏的制作流程与规划方法,如果在制作游戏的过程中可以遵守这样的程序和步骤,那么制作过程就可以相对顺利一些,不过上面的步骤也不是一成不变的,可以根据实际情况来更改,只要不会造成游戏制作上的困难就可以。

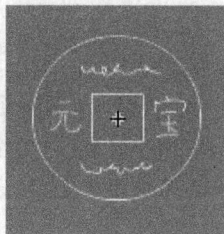

8.3　拓展训练——接元宝

8.3.1　作品展示

本实例制作接元宝的游戏,游戏开始后出现财神手拿聚宝盆,然后天空落下元宝,如图 8-15 所示。只能用鼠标控制财神的运动,接住元宝加 10 分;接住的是宝石加 5 分;如果接住的是炸弹,加－10 分。

8.3.2　制作要点提示

① 创建影片文档。
② 制作铜钱,如图 8-16 所示。

图 8-15　接元宝游戏瞬间效果

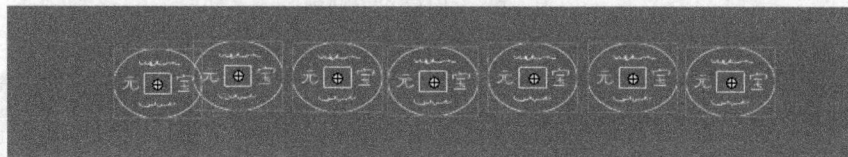

图 8-16　铜钱示意图

③ 制作"background"图层。
将制作完成的铜钱拖进舞台,复制 6 个副本,如图 8-17 所示。

图 8-17　铜钱在"background"的摆放位置示意图

打开"对齐"面板,设置对齐方式,得到如图 8-18 所示的对齐效果。

提个醒

在调整多个对象的排列时,最好的方法是使用"对齐"面板。

将这 7 个元宝再复制一份，并分别安排在舞台的上、下，如图 8-19 所示。

图 8-18　铜钱在"background"的对齐效果图　　图 8-19　铜钱在"background"的最终摆放示意图

单击"background"图层第 63 帧，按 F5 键插入帧，如图 8-20 所示。

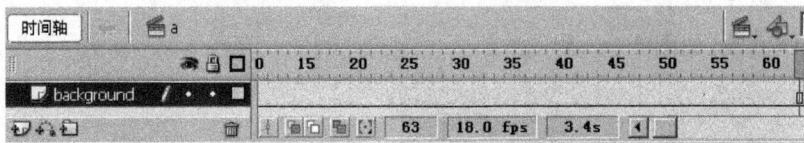

图 8-20　图层"background"时间轴

④ 制作"图层 2"。

新建一个图层，将铜钱元件拖入舞台，第 10 帧插入关键帧，将第 1 帧中的铜钱用"任意变形工具"缩小比例，并在第 1～10 帧创建补间动画。最后在"图层 2"的第 63 帧插入普通帧，时间轴如图 8-21 所示。

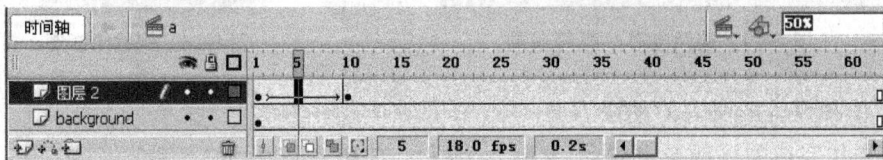

图 8-21　"图层 2"时间轴

⑤ 制作图形元件"元宝"，如图 8-22 所示。

⑥ 制作元宝不断下落的效果。

新建"图层 3"，做一个 10 帧的元宝由上向下落的补间动画，然后再连续新建 6 层做元宝不断下落的效果，时间轴和效果如图 8-23 所示。

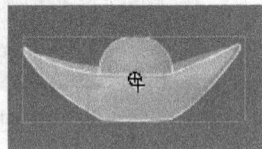

图 8-22　图形元件"元宝"

⑦ 制作文字背景"图层 9"。

新建一个图层，第 35 帧插入关键帧，单击"矩形工具"在舞台中央拖出一个填充为白色无边框的矩形，第 50 帧插入关键帧，单击"任意变形工具"把矩形变大，两帧之间插入补间形状。同样在第 50、52 帧创建补间形状，如图 8-24 所示。

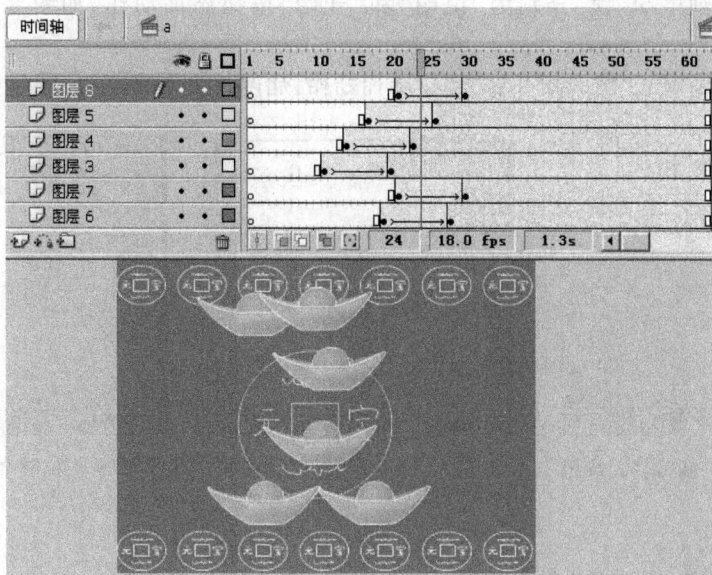

图 8-23　图层 3～8 时间轴分布示意图

图 8-24　"图层 9"时间轴

⑧ 制作开始界面。

新建一个图层,第 50 帧插入关键帧,输入"接元宝",并放置"开始"、"说明"两个按钮,如图 8-25 所示。

在第 62 帧处插入关键帧,输入游戏说明和放置"开始"按钮,如图 8-26 所示。

图 8-25　"图层 10"第 50 帧

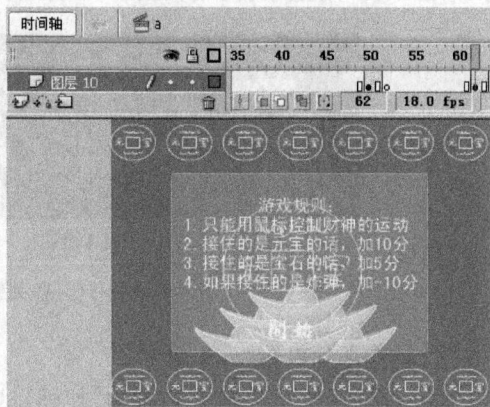

图 8-26　"图层 10"第 62 帧

⑨ 制作图层"actions"。

新建一个图层,修改图层名称为"actions",在第 50、62 帧处分别插入关键帧,按 F9 键打开动作面板,输入"stop();"。

单击时间轴第 50 帧,分别为"说明"和"开始"按钮添加动作,如图 8-27 和图 8-28 所示。

单击时间轴第 62 帧,为"开始"按钮添加动作,如图 8-29 所示。

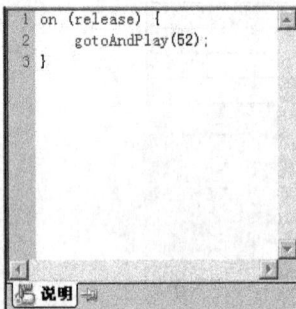

```
1  on (release) {
2      gotoAndPlay(52);
3  }
```
说明

```
1  on (release) {
2      gotoAndPlay("b",1);
3  }
```
开始

```
1  on (release) {
2      nextFrame();
3      play();
4  }
```
开始

图 8-27 第 50 帧"说明"按钮 图 8-28 第 50 帧"开始"按钮 图 8-29 第 62 帧"开始"按钮

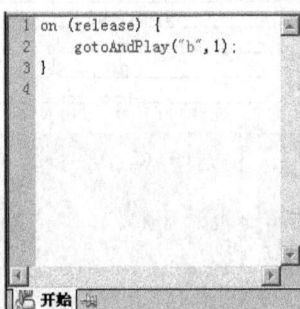

⑩ 绘制大门。

执行"插入"→"场景"命令,进入一个新建的场景,绘制一个大门作为游戏背景,如图 8-30 所示。

⑪ 制作影片剪辑"财神"。

绘制一个财神。新建三个图层,将"财神"分割,聚宝盆放在最上一层,身体部分放在最底层,中间两层放置头部和官帽。四层的帧数都是 12,在中间两层的 4、7、10

图 8-30 大门

帧分别插入关键帧,分别调整头部和官帽的位置,使"财神""动"起来,各关键帧中的"财神"如图 8-31 所示。时间轴如图 8-32 所示。按 Enter 键测试效果。

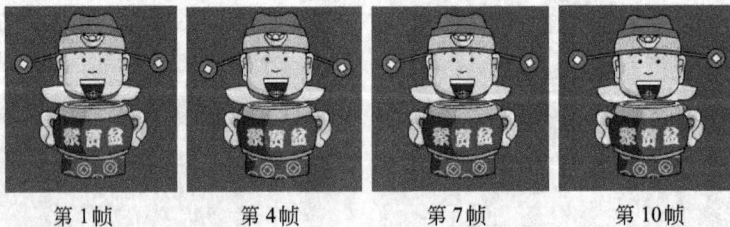

第 1 帧 第 4 帧 第 7 帧 第 10 帧

图 8-31 各关键帧中的"财神"

⑫ 制作影片剪辑"mPics"。

第 1、2、3、4 帧分别放置名称为"炸弹"、"红玛瑙"、"蓝玛瑙"及"元宝"的图形元件,各元件均设置相对于舞台"垂直中齐"和"水平中齐",如图 8-33 所示。

⑬ 制作影片剪辑"mFallingTael"。

把"mPics"拖进编辑窗口,在第 3 帧插入帧。新建一图层命名为"Action",插入 3 个空白关键帧,分别为 3 帧输入如图 8-34、图 8-35、图 8-36 所示的帧动作。

图 8-32　"财神"元件时间轴

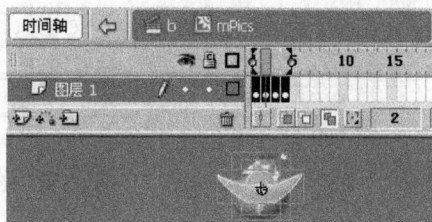

图 8-33　"mPics"元件时间轴

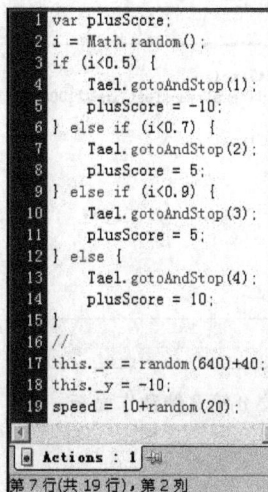

```
 1  var plusScore;
 2  i = Math.random();
 3  if (i<0.5) {
 4      Tael.gotoAndStop(1);
 5      plusScore = -10;
 6  } else if (i<0.7) {
 7      Tael.gotoAndStop(2);
 8      plusScore = 5;
 9  } else if (i<0.9) {
10      Tael.gotoAndStop(3);
11      plusScore = 5;
12  } else {
13      Tael.gotoAndStop(4);
14      plusScore = 10;
15  }
16  //
17  this._x = random(640)+40;
18  this._y = -10;
19  speed = 10+random(20);
```

Actions : 1
第 7 行(共 19 行),第 2 列

图 8-34　第 1 帧动作面板

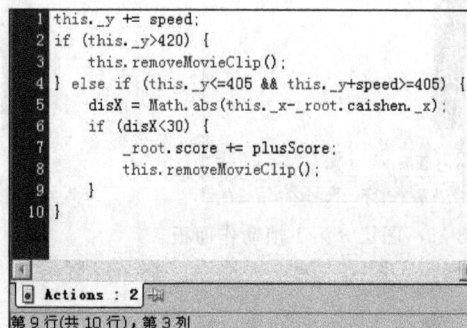

```
 1  this._y += speed;
 2  if (this._y>420) {
 3      this.removeMovieClip();
 4  } else if (this._y<=405 && this._y+speed>=405) {
 5      disX = Math.abs(this._x-_root.caishen._x);
 6      if (disX<30) {
 7          _root.score += plusScore;
 8          this.removeMovieClip();
 9      }
10  }
```

Actions : 2
第 9 行(共 10 行),第 3 列

图 8-35　第 2 帧动作面板

打开"库"面板,选中"库"面板里的"mFallingTael"影片剪辑,右击选择"链接"选项,输入"fallingTael"的标识符,勾选"为动作脚本导出"和"在第一帧时导出",单击"确定"按钮,如图 8-37 所示。

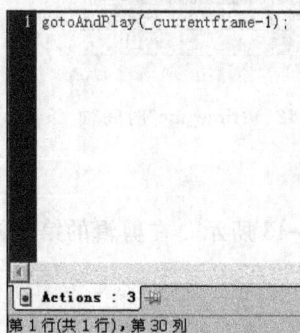

```
 1  gotoAndPlay(_currentframe-1);
```

Actions : 3
第 1 行(共 1 行),第 30 列

图 8-36　第 3 帧动作面板

图 8-37　"链接属性"对话框

⑭ 制作影片剪辑"time_mc"。

选择"文本工具"在窗口中拖出一个文字域,设置文本框属性,如图 8-38 所示。

新建一个图层 2,用静态文本输入"时间",再用"矩形工具"拖出一个矩形区域,填充

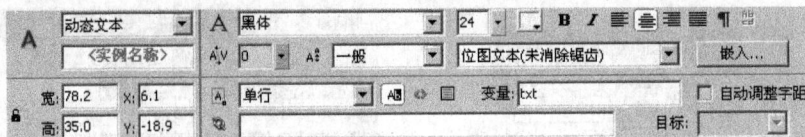

图 8-38　文本框属性面板

选项为"♯FFFFFF",设置"Alpha"为"65％"。调整位置后,将图层 2 拖到图层 1 的正文。新建一个图层,分别在第 1、2、3 帧插入空白关键帧,打开动作面板,分别为这 3 帧输入帧动作,如图 8-39、图 8-40、图 8-41 所示。时间轴如图 8-42 所示。

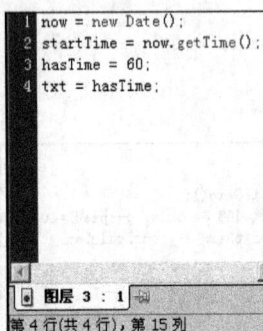

```
1  now = new Date();
2  startTime = now.getTime();
3  hasTime = 60;
4  txt = hasTime;
```

图层 3 : 1
第 4 行(共 4 行),第 15 列

图 8-39　图层 3 第 1 帧动作面板

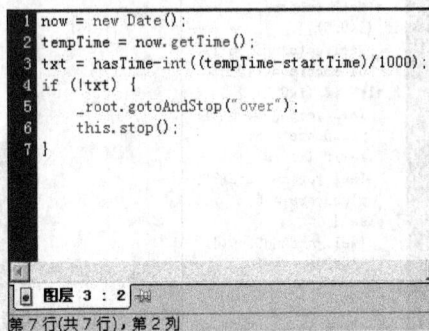

```
1  now = new Date();
2  tempTime = now.getTime();
3  txt = hasTime-int((tempTime-startTime)/1000);
4  if (!txt) {
5      _root.gotoAndStop("over");
6      this.stop();
7  }
```

图层 3 : 2
第 7 行(共 7 行),第 2 列

图 8-40　图层 3 第 2 帧动作面板

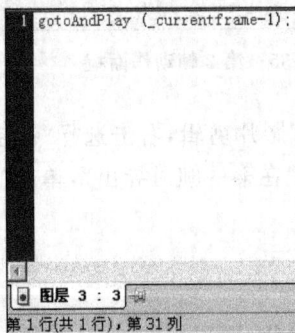

```
1  gotoAndPlay (_currentframe-1);
```

图层 3 : 3
第 1 行(共 1 行),第 31 列

图 8-41　图层 3 第 3 帧动作面板

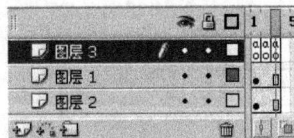

图 8-42　"time_mc"时间轴

⑮ 制作影片剪辑"得分"

新建一个名称为"得分"的影片剪辑,文本框属性如图 8-43 所示。在剪辑的第 1 帧设置如图 8-44 所示的帧动作。时间轴如图 8-45 所示。

图 8-43　文本框属性面板

```
1 txt = _root.score;
```

Actions : 1

第 1 行(共 1 行)，第 19 列

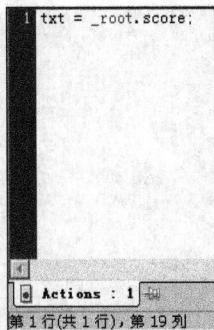

图 8-44 "得分"第 1 帧动作面板

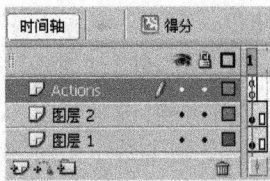

时间轴　　得分

Actions
图层 2
图层 1

图 8-45 "得分"时间轴

⑯ 制作场景 2。

回到场景 2 的主时间轴，新建一个图层，将"time_mc"和"得分"电影剪辑拖到舞台的左上角。

新建一个图层，将"财神"元件也拖进舞台。在"属性"面板中为其命名为"caishen"，舞台布置如图 8-46 所示。

新建一个图层，添加 3 个关键帧，添加如图 8-47、图 8-48、图 8-49 所示的帧动作。

图 8-46 场景 2 舞台布置

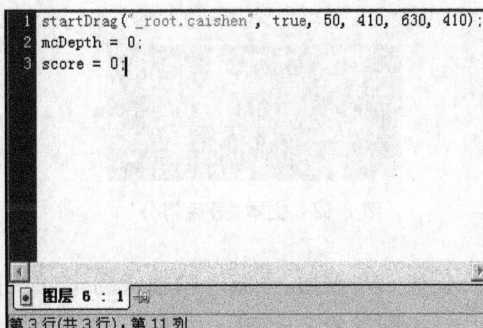

```
1 startDrag("_root.caishen", true, 50, 410, 630, 410);
2 mcDepth = 0;
3 score = 0;
```

图层 6 : 1

第 3 行(共 3 行)，第 11 列

图 8-47 第 1 帧帧动作

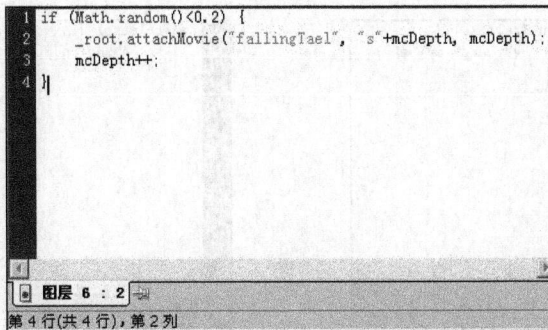

```
1 if (Math.random()<0.2) {
2     _root.attachMovie("fallingTael", "s"+mcDepth, mcDepth);
3     mcDepth++;
4 }
```

图层 6 : 2

第 4 行(共 4 行)，第 2 列

图 8-48 第 2 帧帧动作

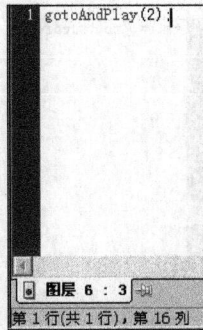

```
1 gotoAndPlay(2);
```

图层 6 : 3

第 1 行(共 1 行)，第 16 列

图 8-49 第 3 帧帧动作

⑰ 制作场景 3。

新建一个场景，布置背景图案，如图 8-50 所示。

新建一个图层，添加两个按钮："再来一次"和"退出"。

新建一个图层，执行"插入"→"新建元件"命令，制作影片剪辑"最后得分"。创建一个文本域，属性如图 8-51 所示。新建一个图层，输入静态文本"最后得分"，如图 8-52 所示。时间轴如图 8-53 所示。

图 8-50 背景图案

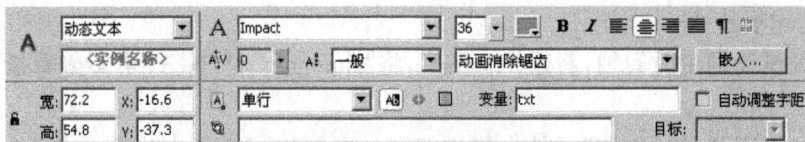

图 8-51 文本框属性面板

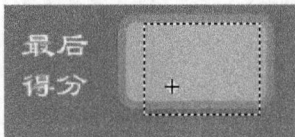

图 8-52 文本"最后得分"

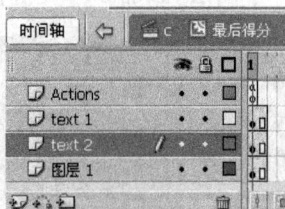

图 8-53 "最后得分"时间轴

新建一个图层，在第 1 帧输入动作，如图 8-54 所示。

切换到场景 3，新建一个图层，将影片剪辑"最后得分"拖进舞台，在第 1 帧属性上输入标签"over"。

为"再来一次"和"退出"按钮分别添加如图 8-55 和图 8-56 所示的动作。

图 8-54 第 1 帧动作

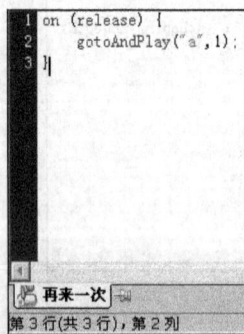

图 8-55 "再来一次"按钮动作

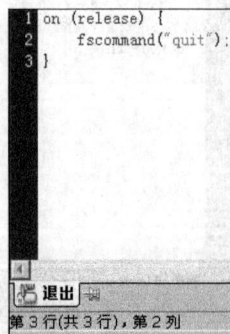

图 8-56 "退出"按钮动作

最后布置如图 8-57 所示。

切换到场景 1,在第 1 帧输入帧动作,如图 8-58 所示。

⑱ 保存文件,测试影片,导出文件。

图 8-57　场景 3 舞台布置

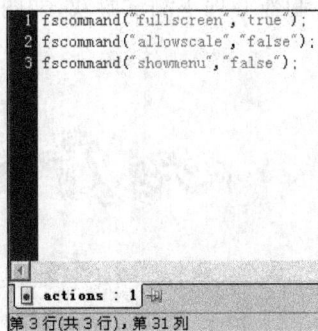

```
1 fscommand("fullscreen","true");
2 fscommand("allowscale","false");
3 fscommand("showmenu","false");
```

图 8-58　场景 1 第 1 帧帧动作

本 章 小 结

本章通过几个实例,简单介绍了 Flash 中脚本 ActionScript 的运用,掌握了在 Flash 中使用 ActionScript 的方法,并学会了添加一些基本的动作,以及制作简单的交互式 Flash。这些基础知识对于掌握整个 ActionScript 有着重要意义,也可以作为进一步深入学习的基础。

本 章 练 习

一、简答题

1. 哪些对象可以添加 ActionScript?

2. 影片剪辑的实例名称应该以什么结尾?

3. 在实例上添加 ActionScript 和在关键帧添加有什么区别? 哪一种方式更好一些?

二、上机实训

1. 试制作猜心术游戏,如下图 8-59 所示。

图 8-59　"猜心术"效果图

游戏开始后,暗中记下一张牌,单击右下角的按钮,电脑便会知道你记住的是哪张牌并将其删除,游戏简单、新颖。

提示:本例通过 goto 跳转的使用、按钮动作及对游戏性的理解等知识点制作完成。

2. 制作心理小测试游戏,如图 8-60 所示。

图 8-60 "心理小测试"效果图

通过制作心理小测试,看一看你到底是什么样的性格。

提示:本例通过 goto 跳转命令、动态按钮等知识点制作完成。